梯级泵站调水工程调度运行关键技术及应用实践研究

刘小莲 著

中国水利水电出版社
www.waterpub.com.cn
·北京·

内 容 提 要

根据梯级泵站调水工程沿线不同结构、调水方式、流态及主要建筑物和水力设施特点，本书主要阐述了泵站机组故障诊断、系统瞬变流仿真模拟、有压段多水力设施联合优化调控、明渠段经济优化调度等关键技术及其在实践中的应用研究。

本书是作者多年科学研究成果的积累与总结，可作为水利水电类专业本科和研究生的辅助读物及学习用书，亦可作为从事梯级泵站调水工程运行与优化调度领域研究人员的参考用书。

图书在版编目（CIP）数据

梯级泵站调水工程调度运行关键技术及应用实践研究/刘小莲著. -- 北京 : 中国水利水电出版社, 2023.7
ISBN 978-7-5226-1621-6

Ⅰ. ①梯… Ⅱ. ①刘… Ⅲ. ①梯级水电站－泵站－调水工程－水库调度－研究 Ⅳ. ①TV74

中国国家版本馆CIP数据核字(2023)第132120号

书 名	**梯级泵站调水工程调度运行关键技术及应用实践研究** TIJI BENGZHAN DIAOSHUI GONGCHENG DIAODU YUNXING GUANJIAN JISHU JI YINGYONG SHIJIAN YANJIU
作 者	刘小莲 著
出版发行	中国水利水电出版社 （北京市海淀区玉渊潭南路1号D座 100038） 网址：www.waterpub.com.cn E-mail：sales@mwr.gov.cn 电话：（010）68545888（营销中心）
经 售	北京科水图书销售有限公司 电话：（010）68545874、63202643 全国各地新华书店和相关出版物销售网点
排 版	中国水利水电出版社微机排版中心
印 刷	北京中献拓方科技发展有限公司
规 格	170mm×240mm 16开本 11印张 164千字
版 次	2023年7月第1版 2023年7月第1次印刷
定 价	**68.00**元

前言

调水工程的建设可有效调节水资源时空分布不均、解决水资源供需矛盾、改善生态环境，进而促进社会可持续发展。受沿线地形、地质、调水规模等条件的限制，梯级泵站在调水工程中发挥着重要的作用。然而，梯级泵站调水工程运行中，不可避免的泵、闸、阀等正常运行调控及水泵事故停机、泵后阀拒动等事故工况，都会导致复杂的水力瞬变，引起沿线流量、管道压力、渠道水位、隧洞水面、机组转速等剧烈变化，进而影响工程的运行安全及经济效益。本书根据梯级泵站调水工程沿线不同结构、调水方式、流态及主要建筑物和水力设施的特点，针对泵站机组故障诊断、系统瞬变流仿真模拟、有压调水段多水力设施联合调控及明渠段经济优化调度，开展相关技术及实际应用研究具有重要的科学意义及工程价值。

本书针对泵站机组故障诊断，介绍了基于深度森林的智能故障诊断模型，通过构建的实验故障样本集和逼近现实运行场景的含不同噪声等级故障样本集，讨论了智能故障诊断模型在不同样本集大小下的有效性和抗噪能力。针对梯级泵站调水工程仿真模拟，介绍了适用于不同拓扑结构流体网络的自适应系统水力瞬变模型，以一管渠结合的梯级泵站调水工程为例，分析了不同工况下的瞬变过程及水锤防护措施等。针对有压段运行调控，介绍了耦合一维水力瞬变模型的多水力设施联合优化调控模型及基于 NSGA-Ⅱ和多核并行的模型高效求解方法，就某一工程实例高效地制定了其多水力设施联合调控优化方案集。针对明渠段运行调度，介绍了包含站内机组组合优化-泵站间扬程优化-时段间水量优化的多层次精细化优化调度模型及基于改进灰狼算法和动态规划算法的高效求解方法，就一包含六级泵站的工程实例制定了其经济运行方案。

本书内容体现的研究成果为阶段性的，得到了山西省基础研究计划青年项目20210302124645、山西省高等学校科技创新项目2021L019、太原理工大学青年科学基金项目2022QN052、国家重点研发计划项目2018YFC0406903、山东省调水工程运行维护中心横向项目ZXXM－（2018）－（12－1）、国家自然科学基金面上项目51879273的支持。此外，感谢中国水利水电科学研究院田雨、雷晓辉、王浩，清华大学樊红刚和山东省调水工程运行维护中心郑英等专家的指导。

由于作者专业知识、实践经验有限，书中疏漏、错误在所难免，敬请批评指正。

刘小莲

2023年4月

目录

前言

1 绪　论

1.1 研究背景及意义

我国淡水资源总量高达 $2.8\times10^{12}m^3$，其中，地表水资源量为 $2.73\times10^{12}m^3$，地下水资源量为 $8.226\times10^{11}m^3$，地表水和地下水重复量为 $7.149\times10^{11}m^3$，占全球可利用淡水资源总量的6%，居世界第六，但人均占有量为 $2.2\times10^3m^3$，仅为世界平均水平的1/4，是世界人均水资源最匮乏的13个国家之一[1]。且除去分布在偏远地区的地下水资源、洪水径流等难以利用的水资源后，人均可利用量更少，仅约为 $900m^3$[2]。除此以外，我国水资源在时空上分布都极不均衡，夏秋多春冬少、东南多西北少。南方长江、珠江、浙闽台诸河以及西南诸河四个流域水资源量占全国总量的81%，人均占有量约为全国人均量的1.6倍，水资源相对丰富。而北方的辽河、海滦河、黄河、淮河四个流域水资源量仅为全国总量的19%，人均可利用量仅约为全国人均量的19%，仅为世界平均水平的1/16，水资源极度短缺[3]。

为均衡水资源空间配置，缓解缺水地区水资源短缺，进而促进社会、经济以及生态等方面的协调发展，调水工程的建设成为必然。据不完全统计，至少有39个国家共建成350多项大中型调水工程[4]。其中，我国已建和正在建设的大中型调水工程有：南水北调工程、引黄入晋工程、东深供水工程、引黄济青工程、引江济淮工程、引滦入津工程、东水西调工程等。但由于调水工程沿线地形、地质、调水规模等条件的限制，调水方式和结构复杂多样。既有单一渠道、天然河道、隧洞、管道以及其相互连接的多种复杂调水结构，又有自流、加压提水以及二者相互连接的调水方式，涉及明流、满流、明满流交替等多种复杂流态，此外，还包括泵站、闸门、调节池、阀、空气阀、泄压阀、调压室等多种水力特性不同的水力设施设备[5]。因此，在实际运行中，不可避免的泵、闸、阀等正常运行调度操作以及水泵事故停机、泵后阀拒动等事故工况，都会导致复杂的水力瞬变，引起调水工程流量、管道压力、渠道水位、隧洞水面、机组转速等剧烈变化。如图 1-1 所示的复杂梯级泵站调水工程示意图，在其有压调水段，由于水流状态变化，可产生波速达 1000m/s 的压力波沿管道高速传播，进而引起系统压力的急剧变化[6]。其中，系统的瞬时压力最大可能达正常稳态运行压力的数倍甚至数十倍，远远超过管道的承受能力，进而引起爆管、阀门损坏等事故；最小可能降至对应环境温度下的水体汽化压力，使得管道局部呈现真空状态，进而造成管道压瘪、坍塌，或引发水柱分离和弥合现象，造成严重的破坏。同时，瞬变过程还可能引发水泵倒转、振动、空化空蚀等[7]。因此，对于调水工程的有压调水段，其水力仿真及防护问题即为调水工程安全运行最突出的问题之一。特别地，对于沿线调蓄建筑物主要为明渠、高位水池、调节池等调蓄能力非常有限的有压调水段或管渠结合调水段，除面临有压调水段的水力仿真及防护问题外，为保障调水工程的安全运行，其正常运行中泵、阀等多种水力设施的合理联合调控问题也尤为重要。否则，调节池可能出现漏空或漫溢，隧洞局部断面水位可能急剧下降或出现明满交替现象，泵站前池水位可能低于最低运行水位或漫溢，水泵可能出现空蚀空化等。而对于无压明渠调水段，由于泵站间依靠水位差自流输送，因此，泵站特点主要为低扬程、大流量，性能指标偏低[8]，如南水北调东线泵站运行效率为 54%～62%，扬程小于 4m 的效率更低，只为 54%～56%[9]，密云水库调蓄工程泵站运行效率也仅 39%～72%，尤其屯佃泵站，运行效率仅为 39%[10]。为保障正常生活、生产，调水工程运行时间长，耗电量高。据统计，供水系统能耗费占供水成本的 30%～70%，水泵能耗费用占总能耗的 80%～90%[11]，因此，对于调水工程的无

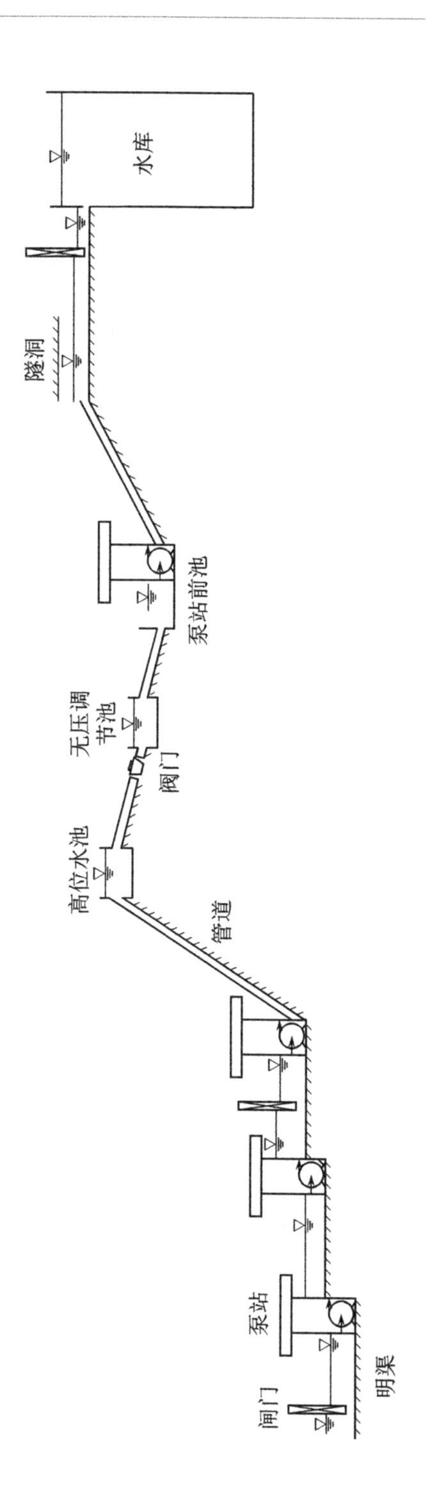

图 1-1 复杂梯级泵站调水工程示意图

压明渠调水段，采用先进的优化理论与方法，研究提高梯级泵站联合运行效率、减少运行费用的方法尤为重要。

此外，对于作为调水工程主要动力来源的水力设施——水泵，其健康状况至关重要，直接影响调水工程的正常运行。但随着科技的不断进步以及运行调度需求的不断提高，设备自动化程度越来越高，结构越来越复杂，各设备之间的关系越来越密切，水力、机械、电磁等多因素耦合关系也越来越复杂，加之工作在高温、高速等恶劣条件下，以及受运行中各种不可避免的随机因素的影响，水泵很容易发生各种故障，使其功能降低，甚至导致整个调水系统瘫痪[12-14]。因此，围绕水泵健康状态，开展有效的状态监测、评价与故障诊断，以实现水泵可能故障的预测，为运行调度、检修等提供指导和依据，进而避免重大事故的发生，保障工程的安全、稳定运行具有重要意义。

本书根据梯级泵站调水系统沿线不同结构、调水方式、流态以及主要建筑物和水力设施，针对其各自的特点，主要从梯级泵站调水工程泵站机组故障诊断、瞬变流计算及防护、有压调水段多水力设施联合调控和明渠段经济优化调度四个方面，分别研究如何保障梯级泵站调水系统的安全、经济调度运行，并将其应用于梯级调水系统设计、调度运行领域。

1.2 国内外研究现状

针对本书研究内容，从梯级泵站调水工程泵站机组故障诊断、瞬变流计算及防护、有压调水段多水力设施联合调控及明渠段经济优化调度四个方面论述国内外研究现状。

1.2.1 调水工程泵站机组故障诊断研究现状

泵站机组是调水工程的关键设备，其意外故障可能会干扰调水工程的正常运行，造成巨大的经济损失和严重的社会影响[15-17]。因此，对泵站机组的故障先兆进行预测诊断，以提高机组运行的稳定性、可靠性，保障运行人员、设备的安全，减少不必要的维修费用，具有重

要的研究价值。

故障诊断本质上是一个模式识别问题，从过程上可分为三个阶段：数据采集、特征提取以及故障识别。数据采集即通过计算机、传感器等精确的测量获取能充分表征状态变量的信息，以感知机组运行状态的变化。特征提取即从测量的信息中提取核心信息，去除冗余信息，得到最能标识机组状态的特征。故障识别即根据提取的最能标识机组状态的特征，采用一定的方法，辨识出故障的类型。其中，特征提取是故障诊断的关键，故障识别是故障诊断的核心[18-20]。

1.2.1.1 故障特征提取研究现状

最早应用于故障特征提取的方法为时域分析法[14]。且在时域分析法中，最常用的方法为统计分析法，其通过选择合适的时域统计指标来判断机组的故障类型及故障程度[21]。陈珊珊[22]通过时域波形有效值、峭度系数及加速度峰值三个主要参数，对板坯振动、助燃风机振动和开卷机齿轮箱振动的现场监测进行了分析，说明了时域分析方法对于低速重载机械设备故障诊断的有效性；李继猛等[23]通过监测的风机轴承振动信号，说明了利用峰值、峭度指标等时域参数可有效地反映轴承的故障状态。虽统计分析法简便、直观，但其统计指标易受荷载、转速等工况条件的影响，得到的特征可靠性不足、稳定性欠缺。

相关分析方法作为用于特征提取的另外一类重要的时域分析方法，虽能够在一定程度上反映出机组故障的类型，但其主要通过分析信号自身的周期性或信号间的依存关系来提取故障特征，难以有效辨识具体故障的原因，常被用于辅助分析[13]。

综上，虽时域信号可以反映很多机械的状态信息，但对于水力机械等复杂的机械系统，仅通过时域分析难以可靠、稳定、有效地辨识机组的故障类型及成因，往往还需要进行频域分析。

频域分析法自1807年傅里叶变换（Fourier Transform，FT）提出以来，已被各领域的学者相继引入其相应领域的信号处理问题中。在泵站机组故障特征提取中，其同样也是使用最多的方法之一。但由于其假设目标信号为平稳信号，而实际水力机械中采集到的信号却是非线性非平稳信号，因此，利用频域分析法得到的信号的近似频域表征易受频域函数估计误差影响。且随着自动化程度的提高、结构的复杂化、设备间耦合关系的密切化以及干扰因素的随机化，其越来越难以满足实际需求[24-27]。

为有效分析及处理非线性非平稳信号，以短时傅里叶变换（Short-Time Fourier Transform，STFT）为突破发展了一系列时频分析法。目前，最为常用的时频分析法主要有短时傅里叶变换[28-30]、小波变换（Wavelet Transform，WT）[31-33]、Wigner-Ville 分布[34]、经验模态分解（Empirical Mode Decomposition，EMD）[35-39]和变分模态分解（Variational mode decomposition，VMD）[40]等。李国鸿和李飞行[28]通过将 STFT 应用于航空发动机转速的自动识别、碰摩故障的识别及振动总量的监视，验证了 STFT 算法对于非平稳状态发动机振动信号处理的有效性；乌建中等[29]应用 STFT，通过分析风机叶片自由衰减振动信号在时域-频谱上的波动程度，有效地检测叶片的损伤程度；Nese 等[30]将 STFT 应用于风机叶片的故障诊断，取得了良好的效果；彭文季和罗兴锜[31]利用小波包变换对水电机组常见的涡带偏心、不对中及不平衡故障的特征进行了提取，并在此基础上，利用支持向量机（Support Vector Machine，SVM）对故障类型进行了有效的识别；Konar 和 Chattopadhyay[32]利用 SVM 和连续小波变换（Continuous Wavelet transform，CWT）对帧启动过程中的振动进行了分析，取得了良好的效果；Harsha 等[33]对具有局部缺陷的滚珠轴承，采用小波特征提取技术对其故障特征进行了提取，进而对故障类型进行了预测；潘虹[34]提出了一种局域均值分解与 Wigner-Ville 分布相结合的非平稳信号分析方法，可有效提取水力机组振动的瞬时特征；王翰等[35]将 EMD 和指标能量结合对水轮机尾水管的动态特征信息提取进行了研究，取得了良好的效果；陈喜阳等[36]利用 EMD 以及快速傅里叶变换获得了机组振动信号突变成分的时间、频率以及幅值，实现了信号的动态检测；Jaouher 等[37]针对 REB 振动信号的非平稳、非线性特性，提出了基于经验模态分解能量熵的特征提取方法；Yaguo Lei 等[38]针对 EMD 在信号分解方面存在模式混合的缺点，提出了集成经验模态分解法（EEMD）；Yanxue Wang 等[40]将 VMD 应用于转子-定子故障诊断的多摩擦信号检测。

虽然时域分析法、频域分析法以及时频分析法为特征的提取提供了丰富的技术手段，但由于水力机械故障类型与征兆间的映射关系非常复杂，提取的特征可能包含较多的非敏感特征、冗余特征甚至错误特征，而这些特征又难以从机理或经验上对其重要性排序，进而导致诊断模型的计算复杂度提高，影响诊断的精度[41]。因此，寻找最优特征子集以进一步提高诊断精度成为众多学者研究的问题之一。

目前常用的寻求最优特征子集的方法主要有基于过滤式（Filter）评价策略的选择法[42-43]、基于封装式（Wrapper）评价策略的选择法[44-45] 以及基于空间映射的选择法[46-47]。李伟漳和贾修一[42] 提出了基于 Hellinger 距离的特征选择法；V. Sugumaran 等[43] 在决策树提取特征的基础上，进一步评估了不同特征子集的信息增益指标以及熵值缩减程度，获得了最优特征子集。由于基于 Filter 评价策略的特征子集选择法在很大程度上依赖于判别准则的好坏，且考虑到最优特征子集的寻求本质上是一类优化问题，因此，众多学者对基于 Wrapper 评价策略的特征子集选择法，尤其是基于启发式算法的特征子集选择法进行了研究。Samanta 等[44] 采用遗传算法（Genetic Algorithm，GA）对输入特征进行了优化选择；Ahila 等[45] 利用提出的基于离散值、连续值粒子群算法（Particle Swarm Optimization，PSO）相结合的混合优化机制对特征子集以及极限学习机（Extreme Learning Machine，ELM）的隐藏节点数目进行了优选，提高了识别电力系统扰动的精度与速度。虽基于 Wrapper 评价策略的特征子集选择法取得了良好的效果，但其也面临启发式算法参数对于不同应用环境均需具体设置的问题。而基于空间映射的特征子集选择法则不同于上述两种选择方法，它是将数据从原始的高维特征空间通过一定的投影变换投影到低维特征空间，进而获得原始数据低维空间的约简表示。目前常用的方法主要有主成分分析法、线性判断分析法以及核主成分分析法等。孙卫祥等[46] 运用主成分分析法对故障特征进行了约简，并结合决策树实现了转子系统的故障诊断；肖文斌等[47] 提出了一种基于核判别分析的适用于故障非线性特征约简的方法。尽管基于空间映射的特征子集选择法在处理高维复杂非线性问题时具有良好的性能，但其也存在忽略了数据全局结构信息的缺点。

1.2.1.2 故障类型识别研究现状

由于水力机械结构复杂、运行环境特殊，因此，其故障类型繁多，并易受水力、机械、电磁等多种因素的影响。目前，水力机械的故障诊断主要为基于人工经验的现场诊断法。但该方法极其依赖专家经验，且受时间和地域的限制。此外，随着机组结构复杂度不断增加、自动化程度不断提高，利用其分析和处理监测系统得到的海量数据几乎不可能。

近年来，随着计算机技术、现代人工智能、信号处理等学科的高速发展与交叉渗透，智能算法被逐步引入故障诊断，构建了多种智能诊断模型。目前较为常用的智能诊断方法有专家系统[48-49]、故障树[50]、神经网络[51-53]、支持向量机[55-56] 和随机森林[41,57] 等。余波和张礼达[48] 利用模型规则表达了水电机组故障的推理模型，进而构建了基于专家系统的故障诊断；Stephan Ebersbach 和 Zhongxiao Peng[49] 利用启发式规则建立了基于服务器客户端架构的多层次水电机组故障诊断专家系统；韩小涛等[50] 利用故障树构建了变电站通信网络失效模型，实现了可快速找出影响变电站通信系统安全可靠的因素。虽然专家系统、故障树分析法简单、效率高，但这类基于规则和推理过程的诊断方法需要专家经验、对领域的依赖性强，知识库的建立与验证完备性上大大限制了其的实际应用。

随着模式识别理论与方法研究的不断深入，机器学习方法已成为故障诊断的重要手段。杨晓萍等[51] 用三层 BP（Back Propagation）神经网络对水轮发电机组的几种典型故障模式进行了研究和分析，验证了神经网络技术能有效解决水轮发电机组振动故障中类型识别问题；M. Barakat 等[52] 采用离散小波变换和对训练数据激活区的高斯神经元进行定位与调整，提出了一种基于神经网络的适用于工业系统故障诊断的自适应智能技术；郭鹏程等[53] 通过图形边缘矩法提取了水电机组的特征，并利用 PSO 算法对特征进行了选择，最后，利用改进的 BP 神经网络对故障进行了识别，取得了满意的效果。虽然人工神经网络在故障诊断中取得了丰富的经验，但其也存在一定的局限性：①训练样本少或选择不当均可导致归纳推理能力变差；②训练时间长、存在过拟合、泛化能力弱等问题[41,54]。支持向量机由于其建立在结构风险最小化的原理上对模型进行训练，具有对小样本适用性极强，而且模型简单、泛化学习能力强的优势，吸引了很多学者对其进行研究。Tianzhen Wang 等[55]利用快速傅里叶变换对故障信号的主要特征进行提取，利用相对主成分分析对特征向量进行约简，利用 SVM 对故障类型进行识别，并通过逆变器实验对该方法进行了验证；Yancai Xiao 等[56] 利用改进的经验模态分解法（IEMD）对信号进行分解得到固有模态函数（IMF），并提取其中能反映工作状态的 IEMD 能量熵作为故障特征，在此基础上，利用通过 PSO 算法优选了参数的支持向量机进行故障的类型识别，有效、准确地识别出了双馈风力发电机的故障类型。虽然支持向量机在故障诊断中有很多优势，但由于其参数的选取对于建立一个高精度、稳定性好的分类模型至关重要，所以在寻求最优的参数上需耗费大量的时间，且随着样本规模的增大，训练耗时大幅上涨。此外，为了解决诊断模型过拟合问题并提高识别精度，2001 年，Leo Breiman 提出了随机森林，其也广泛应用于转子系统故障诊断、飞机发动机故障诊断等领域[41,57]。但由于其在实际应用中参数设置对于模型的影响精度大，参数选取耗时，一定程度降低了方法的自适应性。

综上所述，基于神经网络、支持向量机和随机森林等的传统故障诊断方法都存在一个潜在的问题，即其准确性在很大程度上依赖于故障特征的人工提取，为使得这些故障特征最具表征性，则需要大量信号处理和诊断专业等方面的先验知识[58-59]。且为了优选故障特征，建立高精度分类模型以提高故障诊断的精度，还需优化算法方面的先验知识以及耗费大量时间寻找优化参数。此外，这些模型的体系结构较浅，阻碍了它们在故障诊断中学习复杂非线性关系的能力[59]。因此，针对机组故障面临的自学习自适应诊断需求，研究具有逐级特征抽象和自动特征学习的端到端深度学习故障推理决策方法具有重要意义。

深度学习作为机器学习的一个新兴研究方向，为挖掘数据提供了多层次的抽象学习[60]，并已成功地应用于语音识别[61] 和视觉识别[62]

等多个领域。且由于其深层结构，能够通过多个非线性变换和近似的复杂非线性函数自适应地从原始数据中获取具有代表性的信息，误差较小，因此，该方法有可能克服现有智能诊断方法的不足，针对各种故障诊断问题，自适应地从原始测量信号中学习故障特征，并建立不同故障类型与相应原始测量信号间的非线性映射关系[63]。近年来，也提出了许多基于深度学习的故障诊断模型，如深度神经网络（DNN）[63]、卷积神经网络（CNN）[64]和深度信念网络（DBN）[65]。基于深度神经网络的故障诊断方法虽然功能强大，但也存在一些限制其适用性的缺点。首先，需要大量的训练数据，但在实际运行中，往往没有足够的泵站机组故障数据，尤其是标记数据。其次，基于深度神经网络（DNNs）的深度学习方法有许多超参数，必须仔细调整才能确保最大的性能，而通常需要很长时间来调整这些参数。第三，DNNs非常复杂，训练过程通常需要强大的计算工具[66-69]。因此，有必要研究新的深层结构以自动辨识原始数据到故障类型的高维复杂映射，实现泵站机组端到端的智能准确诊断。

周志华等提出了一种新的深度学习方法，称为多粒度扫描级联森林（multi-cascade forest，gcForest），简称深度森林。其深层架构的层由多个随机森林组成[66]，过程包含多粒度扫描和级联森林。多粒度扫描通过不同大小的滑动窗口可获取多个包含不同局部特征的特征子集，可进一步增强表征学习，同时增强级联森林的差异性。而级联森林则通过不同类型森林的级联自适应地实现表征学习。其相对于基于神经网络的深度学习，能利用较少的数据进行训练并得到较准确的分类结果；超参数仅为每层森林数量和每个森林的树木数量，远少于基于DNNs的深度模型，且不用过多地设置，采用默认的参数即可；此外，算法中森林的深度会根据数据自动进行拓展，具有高精度、强泛化能力。虽然深度森林提出不久，但已逐渐被应用于工程实践[70-72]。由于其高精度、自学习、强泛化能力、适合小样本等特点，在泵站机组故障诊断领域也具有潜力，但目前尚未应用于泵站机组故障智能诊断中。

此外，鉴于泵站机组实际运行中可采集到的故障样本较少，难以满足故障预测所需的样本数，给故障诊断带来极大的困难，有必要进

一步研究扩展实际运行故障样本的方法。

1.2.2 调水工程瞬变流计算及防护研究现状

瞬变流也称水力过渡过程，是指水流状态由一种稳定状态转换为另一种稳定状态之间的过渡状态。由于地形、地质等条件不同，梯级泵站调水系统可能存在有压管道、明渠以及有压管段与明渠交替串联等形式，其瞬变流则可能涉及满流、明流以及明满流交替，研究中一方面需对有压流系统进行瞬变流计算分析与防护，另一方面需对明渠非恒定流与有压非恒定流的相互作用进行计算与分析，对可能引起的破坏进行正确的预测并采取合理的措施[73]。

1.2.2.1 有压系统瞬变流计算及防护研究现状

有压系统瞬变流的研究可追溯到19世纪。最早，Menabrea于1858年首先对有压管道中的水力冲击进行了研究，其后，多位学者就瞬变流的基础理论进行了大量的研究[7]。其中，Nicolai Joukovsky于1898年提出了波速-压力跃升方程；Loreuzo Allievi于1902年提出了瞬变流的基本微分方程，并于1913年创立了水力瞬变流的数学分析方法和图解法，成为了相关领域之后研究的基础[74]。

随着瞬变流理论的建立，许多学者对瞬变流计算方法进行了研究，尤其19世纪60年代后，随着计算机技术的飞速发展，瞬变流的研究分析进入了一个全新的时期。1967年，Victor L. Streeter教授和E. Benjamin Wylie教授首次提出了运用计算机对有压管道输水系统水锤进行数值求解的方法——特征线法，并推导了其在有压管道、明渠以及阀门、水泵、调压室等边界条件下的应用方程，解决了运用图解法求解复杂水力过渡过程困难的问题。在此基础上，并于1978年，出版了第一本瞬变流计算机模拟的专著[75]，为世界各国学者开展相关的研究提供了指导性文献[76]。

英国的Fox、日本的秋元德三等人也从计算、实验和设计等方面研究了瞬变流现象，并发表了相关的专著[77-78]。国内有压管道瞬变流的研究起步较晚，始于20世纪60年代，随着译本《瞬变流》和《实用水力过渡过程》[90] 的引进，且在大规模兴建水电站、调水工程的背景下，越来越多的学者对瞬变流进行了研究。刘竹溪和刘光临[79] 将计算机电算方法用于泵站水锤的计算。刘德有和索丽生[80] 利用特征线法，采用动态算稳态的思想研究了管网恒定流的计算；常近时等[81] 采用基于内特性解析的特征线法对天生桥二级水电站的过渡过程进行了研究；刘光临等[82] 利用BP神经网络对水泵的全特性曲线进行了预测；金锥等[83] 通过断流弥合水锤实验，推导了弥合升压的计算公式；王学芳等[84] 对工业管道中水锤进行了分析与研究；杨开林等[85] 提出了变速泵前池水位动态特性数学模型，研究了不同控制参数对于前池水位调节的影响。此外，关于泵站、水电站、供水系统及其他系统的瞬变流专著也相继出版，瞬变流理论、计算分析方面的研究较为成熟[79,83-84,86-88]。

其中，由于调水系统、水利水电工程的个体特殊性强，需要计算程序各子系统灵活组态、自适应建模。而且随着科技、社会经济的高速发展以及实际工程条件的制约，对于复杂的整体性强的调水工程，局部计算可能无法满足实际设计以及运行的要求，需要对全系统瞬变流进行研究。在全系统自适应瞬变流方面，Chaudhry通过试验和计算对拓扑结构简单的水电站、泵站等管网系统瞬变流进行了研究[89]；Anderson和Al-Jamal[91] 对水力管网进行了简化研究，实现了用简单网络结构来反映相应原结构某些方面的状态；Gupta和Prasad[92] 用线性图论法研究了复杂管网系统的稳态计算；Rahal[93] 利用图论和矩阵分块法提出了一种适用于供水管网稳态模拟的公式；朱承军和杨建东[94] 将复杂调水系统划分为一些单元，进而建立形式相同的单元方程，并利用节点分组法求解合成的总体方程，以计算系统的恒定流；刘梅清等[95] 采用节点水头法研究了复杂管网系统的稳态计算；樊红刚[74] 提出了虚拟阻抗流体网络法求解瞬变流稳态值，并提出了一种用于明满流交替计算的特征隐式格式法。

在水锤防护方面，Wylie等对空气阀、调压塔、气压罐等水锤防护装置进行了研究[75,96]；索丽生等[97] 以最小化气垫式调压室体积为目标，采用遗传算法对其体型进行了优化；朱满林等[98] 研究了空气阀组措施；张健等[99] 从理论上分析了空气阀设置的基本原理，并提出了其安装位置及间距应满足的公式；王守仁和张祥云[100] 对水锤消除器进行了研究；刘光临等[101]通过不同泵后阀关闭规律下的事故停机模型试验，提出了确定最优关阀规律的方法；李树军等设计了箱式双向调压塔，能有效控制输水管道内产生的最高、最低瞬时压力，消除断流弥合水锤[102]；黄源等[103]利用粒子群算法，以降低系统水锤压力波动为目标，对阀门的关闭规律进行了优化；缪明非等[104]利用非支配排序遗传算法（Non - dominated Sorted Genetic Algorithm -Ⅱ，NSGA -Ⅱ）对差动式调压室的体型参数进行了优化。

近年来，对瞬变流的研究主要集中在应用层面，如针对具体工程进行瞬变流分析，或将水锤防护的研究与优化方法相结合，即通过对输水管线中的空气阀、空气罐等参数或阀门关闭规律等进行优化，从而实现更好的水锤防护，以保障实际工程的安全运行、为实际工程调度运行提供支撑[105]。

1.2.2.2 明渠非恒定流计算研究现状

1775 年，拉普拉斯（Laplace）和拉格朗日（Lagrange）就开始了对明渠非恒定流的研究。其后，众多学者也对其进行了研究，直到 1871 年，圣维南（Saint - Venant）提出了圣维南非恒定流偏微分方程组，奠定了明渠非恒定流研究的基础，进而开始了明渠非恒定流较为深入的数学研究[5]，主要围绕其解法展开。

早期，非恒定流的计算只能通过手算完成，包括马斯京根法、瞬态法、图解法、诺模图法、逐步逼近法、等时段半图解法、等时段图解法等，计算效率非常低，尤其一些算法还需要大量的试算，难以完成大规模的非恒定流计算[106]。后随着计算机技术的快速发展，一些适合电算的数值解法相继被提出，如常用的特征线法[107]、有限差分法[108-109]、有限元法[110-111]以及有限体积法[112]等。

然而，各数值解法各有千秋，但也有不足，如特征线法稳定性好、计算精度高，但求解格式复杂，尤其对于高维问题；有限差分法简单灵活，但显示差分格式受时间、空间步长限制，隐式差分格式计算过程中需迭代，计算量大；有限元法适应性强、计算精度高，但大型系数矩阵求解困难，误差估计、收敛性、稳定性有待进一步深入研究等。因此，实际计算时，需考虑工程实际以及各方法特点和适应性选择适宜的方法[113]。

国内很多学者结合工程实际，应用不同的数值解法对实际工程进行了非恒定流研究，以指导工程运行，同时，在此基础上也提出了一些新的计算方法，如张大伟[114]采用有限差分法对南水北调中线干渠的非恒定流进行了模拟；杨开林等[115]采用线性变换法对东深供水工程的非恒定流进行了模拟分析；钱木金和蔡云美[116]结合自然网格法和固定网格法的特点，利用自然网格法确定结点位置，利用固定网格法求结点的水情，进而提出了混合网格法；林秉南[117]采用特征线等时段法减少了明渠非恒定流求解的步骤；樊红刚[74]采用特性线的格式求解明渠非恒定流，具有良好的效果。

1.2.2.3 明满流交替研究现状

对于明满交替流动，Preissmann 和 Cunge[118]提出了描述明满交替的窄缝法，即假设在有压管流的顶部存在一个理想的狭缝，进而采用圣维南方程对有压流与无压流统一求解。Wiggert[119]引入一个运动的无压流和有压流的分界面对窄缝法进行了修正，解决了用特征线法进行求解塞状流动问题。Miyashiro 和 Yoda[120]对无压流采用特征线法计算，对有压流采用向前有限差分方法计算，对明、满流的分界面，利用一个连续性方程求解。陈乃祥等[121]提出了特征隐格式法求解明满交替混合瞬变流，并阐述了隐格式矩阵方程的相关建模方法，建立了管道、明渠的联合计算模型。李辉、杨建东、陈家远等[122-124]利用Preissmann 法，采用统一的特征隐式格式法对电站进行了动态仿真计算，对导流洞、尾水洞顶进行了优化设计。杨开林[125]利用 Preissmann 法对明渠与有压管结合的调水系统水力瞬变过程进行了研究。邱锦春等[126]结合管道瞬变流方程和明渠非恒定流方程，建立并探讨了管渠非恒定流联合计算的数学模型及其求解方法。

综上所述，虽然国内外对明渠、明满流、满流水力模拟模型进行了深入的研究，也取得了丰富的成果，但由于复杂梯级泵站调水系统的复杂性及个体特殊性，且各数值解法各有优缺点，需根据实际工程进行适宜选取，因此，对于不同的调水工程仍需进一步计算分析其瞬变流特性，预测调水系统的压力、水位、流量、流速等水力参数变化

规律，并在此基础上提出复杂梯级泵站调水系统的关键控制断面、各瞬变过程响应时间、流量调节或事故工况调节的优选控制方案、安全防护措施等。

1.2.3 调水工程有压段多水力设施联合调控研究现状

在长距离有压管道或复杂管网、梯级泵站系统中，对于可控水力设施的运行调度、调控，单个水力设施的调节会显得比较无力，需综合考虑整个系统的安全运行，合理的对系统进行分段调控以及多水力设施联合调控。

多水力设施联合调度、调控属于调水系统瞬变流限时、限压反问题的研究[127-128]，也属于瞬变流过程的防护问题，但相对于防护装置优选、参数优化以及单阀关闭规律优化而言，其还需考虑多水力设施的联合协同作用，以控制系统的最大/最小瞬变压力、水泵最小倒转速、压力波动、瞬变过程时长、瞬变过程调控耗时等，进而实现更好的水锤防护。冯为民和郑欣欣[129] 采用动态规划法以系统最大、最小压力为目标研究了水力过渡过程中的多阀最优联合调控。虽然目前与优化算法结合是水锤防护研究的趋势，但其也面临着重大的挑战，即结合进化算法通常需要进行成百上千次的瞬变流计算，尤其对于多水力设施联合调度、调控，由于其控制变量维数更高，需要的计算次数更多。此外，对于复杂梯级泵站调水系统，其单次瞬变流计算耗时也相对较长。因此，基于瞬变流的优化设计、控制往往耗时很长，特别对于多水力设施调控，进而限制了其在实际中的应用。为有效解决大型复杂管网、调水系统的瞬变流多水力设施联合优化调控面临的问题，仍需进一步对以下几方面展开研究：①对于大型管网优化设计、调度过程中是否需要使用全系统模型，或只使用分段模型即可；②用管网、调水系统的瞬变流模型的简化方法或参数，是否影响防护设备的优化设计以及瞬变过程的多水力设施联合优化调控；③结合计算机的高速发展，将并行计算与优化算法或瞬变流模型结合，是否可有效提高计算速度，使得计算耗时可接受，切实应用于工程中[130]。

此外，对于优化算法与瞬变流计算结合的瞬变流限时、限压控制还需考虑其控制的目标。对于常规的有压系统而言，主要控制系统的最大/最小瞬变压力、压力波动、水泵最大倒转速或瞬变过程时长、瞬变过程调控耗时等，以避免过高或过低的系统瞬时压力对系统造成破坏以及尽量减少调控时长和缩短瞬变过程。目前研究大多集中于单目标优化，为同时实现限时、限压控制，使管网、调水系统运行更安全、稳定，有必要进一步研究多目标优化调度调控。

特别地，对于复杂的梯级调水系统，由于其可能包含高位水池、调节池等具有一定调蓄能力的建筑物或管渠结合的调水结构，不仅需要考虑有压系统的目标，还需进一步研究如何考虑站间水位协调、控制级间高位水池、调节池水位以及明满流交界面水位等目标，以避免出现泵站前后、高位水池、无压调节池漏空或漫溢，明满交界面出现明满交替流动等带来的破坏[131]。

1.2.4 调水工程明渠段经济运行研究现状

梯级泵站经济优化调度需在充分考虑输调水需求、机组运行特性以及泵站间水力联系等各种不等式、等式约束的前提下，以系统总能耗最小、运行费用最少、运行效率最高等为目标[132-134]，采用一定的优化准则或技术，确定各时段各泵站最优开机台数和机组运行工况等[135]。其本质上是一个复杂的非凸、非线性、高维优化问题。且随着梯级调水系统规模的不断扩大，基于数学规划的传统求解方法存在维数灾、收敛性差等问题，难以满足实际工程的需求[136]。而启发式优化算法由于其对目标函数无连续、可微等要求，且可以多点同时在可行域内搜索最优解，因此，大量的启发式优化算法被提出、应用以及基于实际工程特性改进，如遗传算法[134,137-141]、模拟退火算法（SA）[142-146]、粒子群算法[147-150]、蚁群算法（ACO）[151-152]、模糊算法[153-154] 和重力搜索算法（GSA）[155-156] 等。冯晓莉等[134] 以输水效益最大为目标，考虑分时电价等相关约束，建立了泵站运行优化模型，并采用遗传算法求解，进而确定了泵站各时段的最优开机台数和各机组叶片转角；朱劲木等[137] 利用遗传算法研究了梯级泵站不同时段的最优调水量以及各时段各泵站的最优开机台数和叶片角度等；Yasaman 等[141] 针对供水系统，以能量消耗最少、水泵开关次数最小为目标，采用改进的 NSGA－Ⅱ算法求解，给出了合理的调度方案，并将其应用于实际管网；侍翰生等[146] 针对河-湖-梯级泵站系统优化配置模型求解中决策变量可行域大的特点，提出了具有高精度、收敛速度快的基于动态规划与模拟退火算法相结合的混合算法（DP－SA）；梁兴等[147] 将免疫思想引入粒子群算法，提出了双粒子群算法，并将其应用于广东某供水工程，取得了良好的成果；Sedki[149] 以最小化输配水系统的设计成本为目标建立了优化模型，采用提出的 PSO－DE 算法求解，并与标准 PSO 计算结果对比，取得了较好的成果；Ying Wang 等[150] 针对粒子群算法收敛性差，易陷入局部最优的问题，提出了一种改进的粒子群算法（ISAPSO），并应用于热水系统的调度问题；Lopezibanez 等[151] 将蚁群算法应用于水泵的优化调度。虽然上述智能优化算法在梯级调水系统的优化调度上均取得了较为丰富的成果，但是每一种算法都有其优、缺点，没有一种是绝对优于其他的[157]。因此，有必要进一步探索更先进的启发式算法，并针对具体问题特征，对相应的算法进行改进并合理控制参数，使其实现梯级泵站系统更有效的优化调度[136]。

灰狼算法（Grey Wolf Optimizer，GWO）是最近开发的一种强大的进化算法，模拟了灰狼在自然栖息地中的社会领导和狩猎行为[158]，其已被应用于各学科和工程应用领域，如电力优化调度问题[160-161]、特征子集选择问题[162]、时间序列预测问题[163]、能源市场战略投标问题[164]。显然，GWO 算法在解决梯级泵站经济优化调度运行问题上具有潜力，但目前其在复杂梯级调水系统优化调度领域应用研究较少，有待进一步研究。

1.3 研 究 内 容

本书根据梯级泵站调水工程沿线不同结构、建筑物、调水方式及流态特点，主要针对泵站机组故障诊断、系统瞬变流仿真模拟、有压调水段多水力设施联合优化调控以及明渠段经济优化调度存在的问题，对其关键技术及实际应用进行研究，如图 1－2 所示。

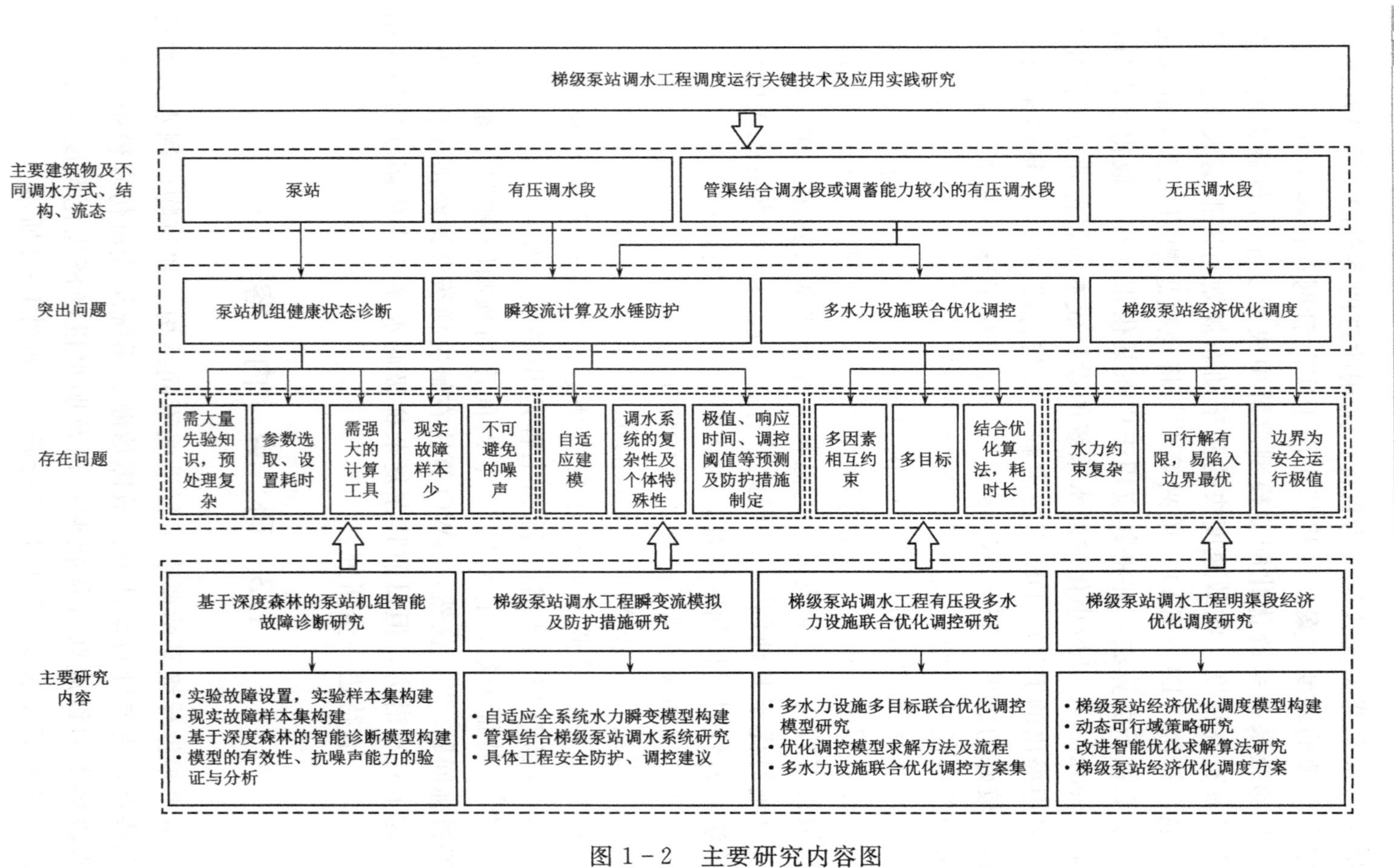
梯级泵站调水工程调度运行关键技术及应用实践研究
主要建筑物及不同调水方式、结构、流态
泵站
有压调水段
管渠结合调水段或调蓄能力较小的有压调水段
无压调水段
突出问题
泵站机组健康状态诊断
瞬变流计算及水锤防护
多水力设施联合优化调控
梯级泵站经济优化调度
存在问题
需大量先验知识，预处理复杂
参数选取、设置耗时
需强大的计算工具
现实故障样本少
不可避免的噪声
自适应建模
调水系统的复杂性及个体特殊性
极值、响应时间、调控阈值等预测及防护措施制定
多因素相互约束
多目标
结合优化算法，耗时长
水力约束复杂
可行解有限，易陷入边界最优
边界为安全运行极值
主要研究内容
基于深度森林的泵站机组智能故障诊断研究
梯级泵站调水工程瞬变流模拟及防护措施研究
梯级泵站调水工程有压段多水力设施联合优化调控研究
梯级泵站调水工程明渠段经济优化调度研究
• 实验故障设置，实验样本集构建
• 现实故障样本集构建
• 基于深度森林的智能诊断模型构建
• 模型的有效性、抗噪声能力的验证与分析
• 自适应全系统水力瞬变模型构建
• 管渠结合梯级泵站调水系统研究
• 具体工程安全防护、调控建议
• 多水力设施多目标联合优化调控模型研究
• 优化调控模型求解方法及流程
• 多水力设施联合优化调控方案集
• 梯级泵站经济优化调度模型构建
• 动态可行域策略研究
• 改进智能优化求解算法研究
• 梯级泵站经济优化调度方案

图 1－2 主要研究内容图

2 基于深度森林的泵站机组智能故障诊断研究

泵站机组是梯级泵站调水工程的主要动力来源，准确、实时地掌握机组健康状态并识别机组故障类型，进而科学、合理地制定机组状态检修方案，以保障机组甚至整个调水工程的安全可靠稳定运行至关重要。传统的泵站机组故障诊断方法较为有效，但需大量信号处理、诊断专业、优化算法等方面的先验知识，且需耗费大量时间寻找诊断模型的优化参数，此外，其模型的体系结构浅，在诊断中学习复杂非线性关系的能力差。具有深层结构的基于深度神经网络的深度学习模型可以通过多个非线性变换和近似的复杂非线性函数自适应地从原始数据中获取具有代表性的信息并识别故障类型，误差较小，可有效克服传统故障诊断学习复杂非线性关系能力差以及需大量先验知识的问题，为泵站机组的智能故障诊断提供了一个新的方向。但由于其非常复杂、训练过程需强大的计算工具，具有许多超参数，参数的调整较难，且需要大量的训练数据，限制了其在泵站机组故障诊断中的应用。深度森林由于其深层架构的层由多个随机森林组成，超参数仅为每层森林数量和每个森林的树木数量，且不用过多地设置，采用默认的参数即可，此外，其具有高精度、强泛化能力、适合小样本的优点，为基于深度模型的泵站机组端到端智能故障诊断提供了一种新的可能。因此，本章将深度森林引入泵站机组故障诊断，提出了基于深度森林的泵站机组端到端智能故障诊断模型。并通过分析水泵的故障机理以及主要故障类型，确定了实验故障的设置；构建了实验故障样本集以及含不同噪声等级的逼近现实运行场景的故障样本集。利用构建的实验故障样本集，对基于深度森林的泵站机组智能故障诊断模型的有效性进行了验证；利用含不同噪声等级的逼近现实运行场景的故障样本集对基于深度森林的泵站机组智能故障诊断模型的抗噪声能力进行了验证；并在此基础上，利用不同大小的含不同噪声等级的故障样本集进一步对基于深度森林的泵站机组智能故障诊断模型在小样本集下的抗噪声能力进行了分析。

2.1 泵站机组故障机理及主要故障类型

明确机组故障机理及主要故障类型是有效进行故障诊断的基础。据统计，流体机械大约有80%的故障都在振动信号中有所体现，振动故障即流体机械最常见的故障，因此，在流体机械性态监测过程中，机组振动一般作为监测的重点。但由于泵站机组自身结构及运行环境的影响，引起振动的原因很多。其中主要诱因可分为机械、水力、电磁三个方面。本节即从上述三个方面对振动故障机理及主要故障类型进行概述，为后续故障类型设置与研究奠定基础。

2.1.1 机械振动故障

泵站机组作为一种特殊的旋转动力机械，引发机械振动的主要原因有：转子不平衡，转子不对中，转子与定子碰摩以及转子支承部件松动等[165]。

（1）转子不平衡。转子不平衡振动主要是由于转子部件质量不平衡，造成机组运行过程中产生的不平衡离心力或力偶导致的。而引起转子部件质量不平衡的主要原因大致包含：材质不均匀、结构设计不合理、装配误差等初始质量不平衡；叶轮介质不均匀结垢、或局部腐蚀、损坏、脱落等后天渐变性或突发性质量不平衡。其振动在水泵上最为明显，与转速有关，但不受流量、扬程的影响；电机由于受迫振动，振动值较小。此外，由于其振动最终受力部件为轴承，因此，由转子不平衡引起的振动最易造成轴承件、机封等损坏。

（2）转子不对中。转子不对中振动主要是由于制造过程中联轴器中心不正、端面平行度不符合要求，安装过程中的误差以及运行过程中承载后变形、热膨胀、设备基础不均匀受热、沉降等造成的不平衡量作用于整个转子引起的。常见的不对中故障有平行不对中、角度不对中、平行角度复合不对中等。其振动值往往在水泵和电机上相差不大，且随着同心度偏差、负荷等的增大而增大。此外，由于联轴器附近的轴承为振动过程中主要的受力部件，因此，由转子不对中引起的振动最易造成轴承件的损坏。

（3）转子与定子碰摩。转子定子在机组运行过程中发生的碰摩往往会引起重大的事故。其主要是由于转子不平衡、不对中、轴弯曲等造成转子定子间间隙变小引起的。在碰摩过程中，由于转子刚度的变化，振幅会突然增大，并伴有噪声，功耗上升、效率下降，局部温度升高等现象。

（4）转子支承部件松动。转子支承部件松动主要是由于外力、温升等的影响使得支承系统结合面间隙过大或由于固定螺栓强度不足导致断裂等引起的。其松动后会改变机组的动态特征，进而使得机组的阻尼比、固有频率、弹性系数等发生变化，以致系统在很小的不平衡或不对中下发生很大的振动，影响机组的正常运行。

2.1.2 水力振动故障

水力振动是指由压力管道、机组等过流部件中水流流动不平衡引起的机组振动。造成水流流动不平衡的主要原因有：机组内部结构不合理、机组运行偏离高效运行区、压力脉动、汽蚀等[166]。

（1）机组内部结构不合理。机组内部结构不合理，如叶轮参数不合理、进口流道结构不合理、泵腔空间形状不合理等，造成流体在流经机组的过程中产生脉动、湍流，进而造成机组振动[167]。

（2）机组运行偏离高效运行区。机组运行偏离高效运行区，会使水流绕流叶片，在叶片的正面和背面产生漩涡和脱流，进而引起机组产生振动。

（3）压力脉动。压力脉动主要是由叶轮密封环、泵体密封环的间隙过大，造成泵体内泄漏损失大，回流严重，进而造成转子轴向力的不平衡引起的。

（4）汽蚀。汽蚀是指机组过流部件局部区域由于压力低于相应环境下的流体汽化压力，流体发生汽化，产生气泡，且气泡被液体裹挟至高压区压缩、溃灭，产生很强的水击压力，对过流部件产生破坏的现象。其过程中由于气泡的破裂冲击过流部件，会伴随有噪声和振动。

2.1.3　电磁振动故障

引起电磁振动故障的主要原因有：电磁拉力不平衡、电机铁芯硅钢片叠合过松等。

（1）电磁拉力不平衡。电磁拉力不平衡造成的周期性振动主要是由于电机定、转子间气隙不均匀，定子线圈磁极次序错误或转子绕组短路等引起的。

（2）电机铁芯硅钢片叠合过松。电机铁芯硅钢片叠合过松主要是由于分开运送和安装导致叠片之间产生间隙引起的。其引起的机组垂直振动会随着机组转速的增大而增大，并伴随有噪声。

综上，泵站机组运行环境复杂、故障类型繁多，实验难以覆盖所有故障。但由于泵站机组的主要功能是依靠转子的旋转来实现的，转子即机组的重要组成部分。且转动设备的振动不仅在泵站机组中存在，也广泛存在于多种机械、行业中[168]。因此，选取机组转子不对中、转子定子碰摩以及不对中与碰摩耦合产生的振动故障进行实验故障设置。

2.2　深度森林原理

深度森林的基本单元为随机森林，而随机森林又是决策树的集合。因此，本节在决策树、随机森林基本理论的基础上，介绍了深度森林原理。

2.2.1　决策树

决策树是应用广泛的一种机器学习算法。其节点表示对象，分叉

路径表示属性值，整个生成过程为一个递归过程，即根据属性值的不断划分，使得落在同一个节点上的样本尽可能的属于同一类别，进而使得得到的节点纯度较高[169]。其中，具体划分属性值的选择，由选用的决策算法而定，是决策树生成最重要的部分。目前，主要的决策算法有：基尼指数、信息增益（ID3）以及增益率（C4.5）。由于深度森林中决策树的决策算法选用的为基尼指数，因此，此处仅对基尼指数的计算和划分依据进行阐述。

基尼指数的计算公式如下：

$$Gini(D)=\sum_{i=1}^{C}\sum_{i\neq i'}p_i p_{i'}=1-\sum_{i=1}^{C}p_i^2 \tag{2-1}$$

式中：C 表示样本集合 D 所包含的类总量；p_i 表示 D 中类 i 样本所占的比例；$Gini$（D）表示 D 的纯度，即随机从 D 中选取的两个样本来自不同类别的概率，其值越小，纯度越高。

具体的，对于决策树中某一属性 a 的基尼指数为：

$$Gini\_index(D,a)=\sum_{i=1}^{m}\frac{|D^m|}{|D|}Gini(D^m) \tag{2-2}$$

式中：m 表示属性 a 的取值 $\{a^1,a^2,\cdots a^m\}$ 个数；D^m 表示根据属性 a 划分，出现在第 m 个分支节点上取值为 a^m 的样本集合。

而选择划分属性的依据为最小基尼指数，即求出样本集合中所有属性的基尼指数，选取最小的基尼指数进行划分：

$$a_*=\arg\min_{a\in A}Gini\_index(D,a) \tag{2-3}$$

此外，决策树也不可能无限制的生长，其节点停止分裂的条件主要有如下几种：

（1）节点样本数小于最小节点数。当节点上样本数量小于指定最小数量时，不继续分裂，以避免由于数据量较少使得噪声数据得到强化或生成的决策树过于复杂造成过拟合。

（2）基尼指数小于阈值。基尼指数较小表示样本的纯度较大，因此，当基尼指数小于阈值时，节点即可不再分裂。

（3）决策树深度达到指定深度。决策树深度即所有叶节点的最大深度，而各个叶节点的深度即各个叶节点与根节点的距离。当决策树深度达到指定的深度，节点即可不再分裂。

(4) 所有特征已使用完毕，节点不能继续分裂。在此基础上，为了进一步防止过拟合，决策树一般还采取剪枝的策略，如预剪枝和后剪枝。

2.2.2 随机森林

随机森林是通过集成学习思想由基学习器——决策树组合得到的比单一个体泛化能力更强的学习器[71]。其结构及过程如图 2-1 所示，假设待分类的样本为 X，经过随机森林中各决策树依据各属性特征独立判别该样本所属分类，然后汇总所有决策树的投票结果，并选择投票数量最高的类别作为该样本的最终投票结果。其分类决策过程可描述为

$$H(x)=\underset{Y}{\arg\min}\sum_{i=1}^{N}I[h_i(x)=Y] \tag{2-4}$$

式中：Y 为目标类别；$H(x)$为分类决策结果；$h_i(x)$为第 i 个决策树的决策结果。

2.2.3 深度森林

深度森林为深度学习思想和集成学习算法的综合算法，包含多粒度扫描、级联森林两个过程[66]，如图 2-2 所示。

1. *多粒度扫描*

多粒度扫描受卷积神经网络中多卷积核的启发，可将特征从高维的原始特征中转换提取出来。如图 2-2 所示，假设有一个包含 N 个 L 维样本的样本集，其涉及 C 个类别，并假设有 M 个大小不同的滑动窗口，窗口大小为 w_i，选择的步长为 s_i，则每个样本的特征向量个数为 n_{fv_i}：

$$n_{fv\_i}=\frac{L-w_i}{s_i}+1, i=1,2,\cdots,M \tag{2-5}$$

然后，将从相同大小滑动窗口中提取的所有特征向量分别通过一个随机森林和一个完全随机森林训练，生成类向量作为变换后的特征进行拼接。变换后的特征向量对应于原 L 维原始向量的维数为 D_{tf_i}。

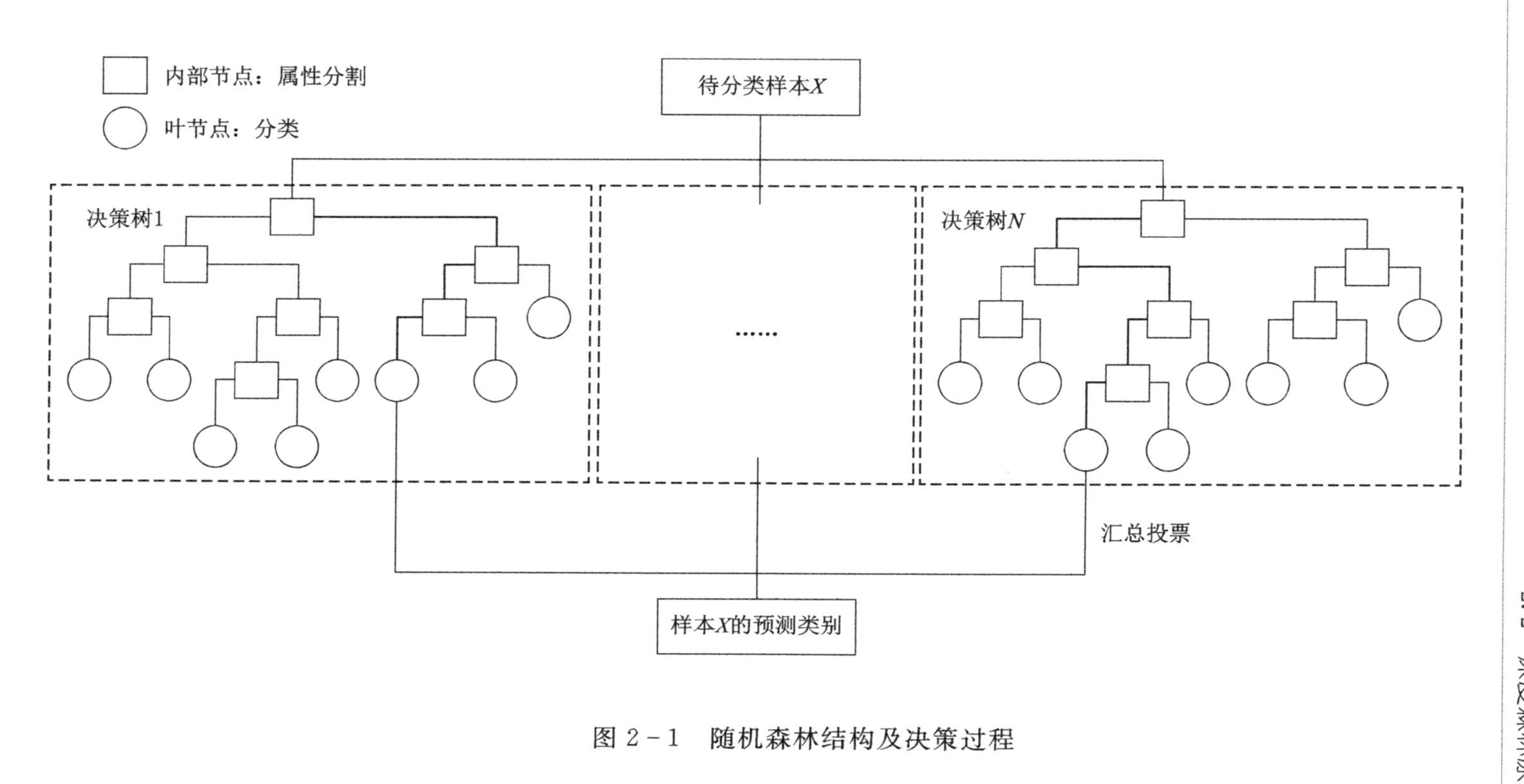

图 2-1 随机森林结构及决策过程

$$D_{tf\_i}=2Cn_{fv\_i} \tag{2-6}$$

最后，第 i 个变换后的特征向量将作为级联森林的第 j 层的输入，其中 j 和 i 满足如下关系：

$$j=i+k\cdot M \tag{2-7}$$

式中：k 为常数($k=0,1,2,3,\cdots$)；$j=1,2,3,\cdots$；$i=1,2,\cdots,M$。级联森林的层数可以自适应的调整。

2. 级联森林

级联森林是将不同类型森林（完全随机森林和随机森林）的集合一级一级地进行级联，每一层的输入信息为上一层处理过的特征信息。其中，包括不同类型森林的一个重要目标是增加多样性。

例如，将 N 个具有 D_{tf_1} 维的样本数据集作为级联森林零级的输入数据集。每个森林通过计算相关样本所在叶节点上不同类别训练样本的百分比，并对同一森林中的所有树进行平均，从而生成类分布估计。估计的类分布形成一个与 D_{tf_1} 维变换后的特征向量对应的 D_{cv_1} 维类向量。

$$D_{cv}=N_{rf}C \tag{2-8}$$

式中：D_{cv} 为（$j-1$）层产生的类向量的维数；N_{rf} 为每层的森林数。

然后，将级联森林零层产生的 D_{cv} 维类向量与 D_{tf_1} 维变换后的特征向量连接起来，输入级联森林的第一级。同样，（$j-1$）层产生的 D_{cv} 维类向量将与 D_{tf_i} 维变换后的特征向量串联，输入级联森林的第 j 层，直到验证性能收敛。这里 j 和 i 满足式（2-7）。级联森林的最后一层给出了最终的预测结果，其过程如图 2-2 所示。

其中，完全随机森林与随机森林的结构和决策过程一致，唯一的区别在于随机森林中决策树在每个节点分割时，随机选取 $\sqrt{(D_{cv}+D_{tf\_i})}$ 个特征中基尼指数值最小的特征进行分割，而完全随机森林则随机选择一个特征来进行划分，然后一直生长直到叶节点只包含一种类别的样例或者样本个数少于 10 个或达到预先设置的最大深度。

此外，为了降低过度拟合的风险，每个样本训练均通过 k-*fold* 交叉验证，即每个样本被训练 $k-1$ 次，从而产生 $k-1$ 个类向量，然

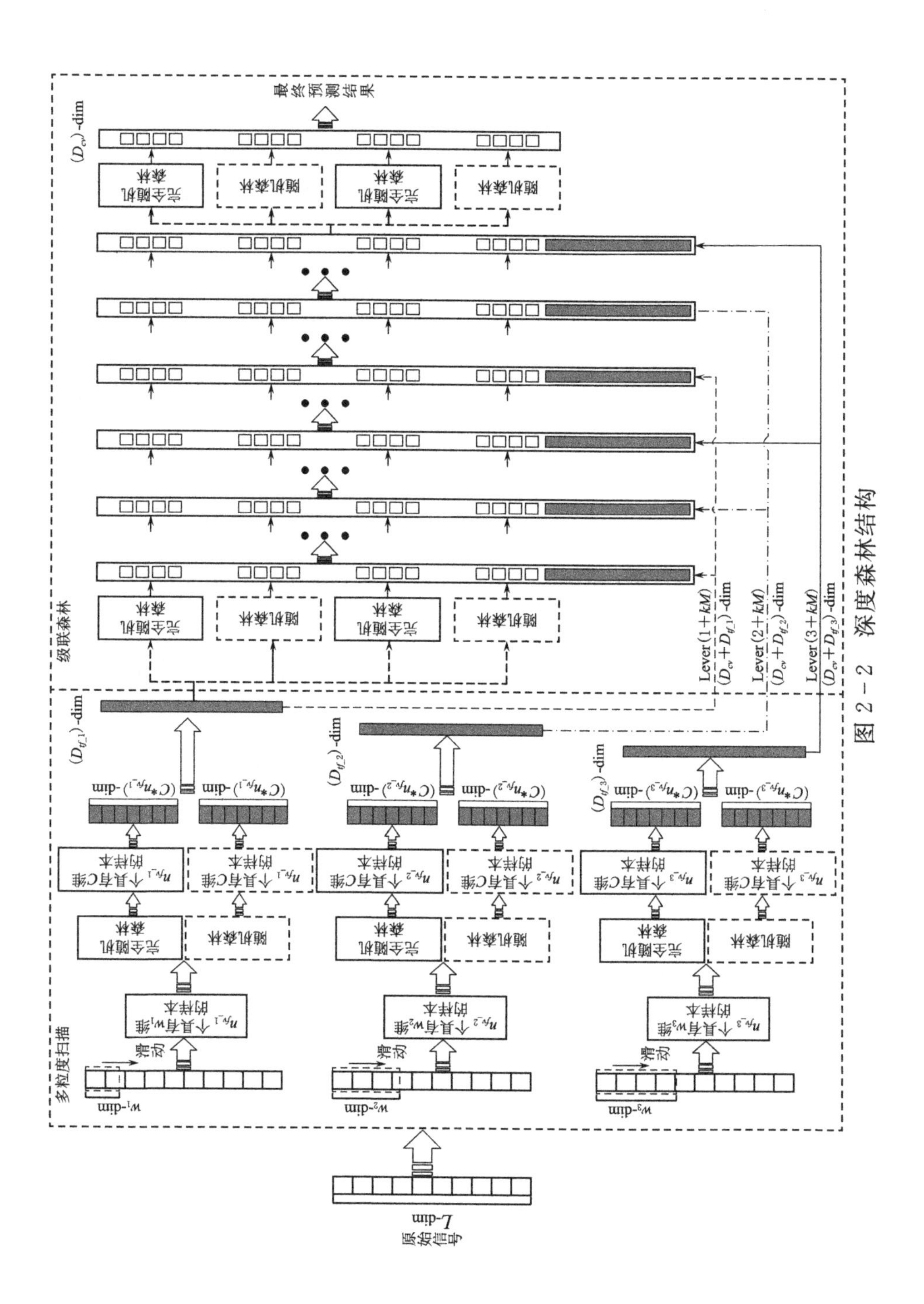
最终预测结果
(D_{cv})-dim
完全随机森林
随机森林
级联森林
Lever(1+kM)
$(D_{cv}+D_{tf\_1})$-dim
Lever(2+kM)
$(D_{cv}+D_{tf\_2})$-dim
Lever(3+kM)
$(D_{cv}+D_{tf\_3})$-dim
(D_{tf_1})-dim
(D_{tf_2})-dim
(D_{tf_3})-dim
$(C*n_{fv\_1})$-dim
$(C*n_{fv\_2})$-dim
$(C*n_{fv\_3})$-dim
n_{fv_1}个具有C维的样本
n_{fv_2}个具有C维的样本
n_{fv_3}个具有C维的样本
n_{fv_1}个具有w_1维的样本
n_{fv_2}个具有w_2维的样本
n_{fv_3}个具有w_3维的样本
多粒度扫描
滑动
w_1-dim
w_2-dim
w_3-dim
原始信号
L-dim

图 2-2 深度森林结构

后对其求平均以产生最终的类向量。训练的深度则由有效训练的层数决定，即在扩展一个层级后，通过验证集对整个级联的性能进行估计，若性能没有明显的提升，即终止训练过程。

2.3 基于深度森林的泵站机组故障智能诊断

基于深度森林的泵站机组智能故障诊断法能够自适应地从机组监测系统获得的原始测量信号中学习、提取故障特征，并自动识别故障类型，不再需要耗费时间进行人工去噪预处理和故障特征提取，更重要的是，它对诊断专业知识、信号处理技术以及智能优化算法等先验知识的依赖性小，使其在实践中更加自动化和通用化。其中，多粒度扫描在处理特征关系方面具有强大的功能，用于转换和增强故障特征表征；级联森林受 DNNs 逐层处理的启发，用于提取故障特征，同时输出最终的预测结果。基于深度森林的泵站机组智能故障诊断的整个流程如图 2-3 所示，具体步骤如下[69]：

第一步：通过数据采集系统，从不同工况下的实验中获取泵站机组关键部件的时间信号。

第二步：构建样本数据集，分割训练样本集 $\{x^{(h)},y^{(h)}\}_{h=1}^{N}$ 和测试样本集 $\{x^{(t)},y^{(t)}\}_{t=1}^{T}$，其中 $x^{(h)}$ 和 $x^{(t)}$ 为从时域信号中按照合适的维数滑动分割出来的信号片段；$y^{(h)}$ 和 $y^{(t)}$ 是 $x^{(h)}$ 和 $x^{(t)}$ 的标签；N 和 T 分别为训练样本数和测试样本数。

第三步：根据实际情况确定多粒度扫描的超参数。然后，对 $x^{(h)}$ 进行多粒度扫描，以获得其转换后的特征表示。

第四步：根据实际情况确定级联森林的超参数。通过级联森林过程逐级学习特征，直到验证性能收敛。通过对最后一级的类向量取平均值，取概率最高的类型作为故障类型的最终预测。同时得到训练后的基于深度森林的端到端智能故障诊断模型。

第五步：使用训练好的深度森林，利用测试样本集 $\{x^{(t)},y^{(t)}\}_{t=1}^{T}$ 对泵站机组故障进行诊断。

第六步：为了模拟现实场景中采集到的含噪声信号，在实验测试

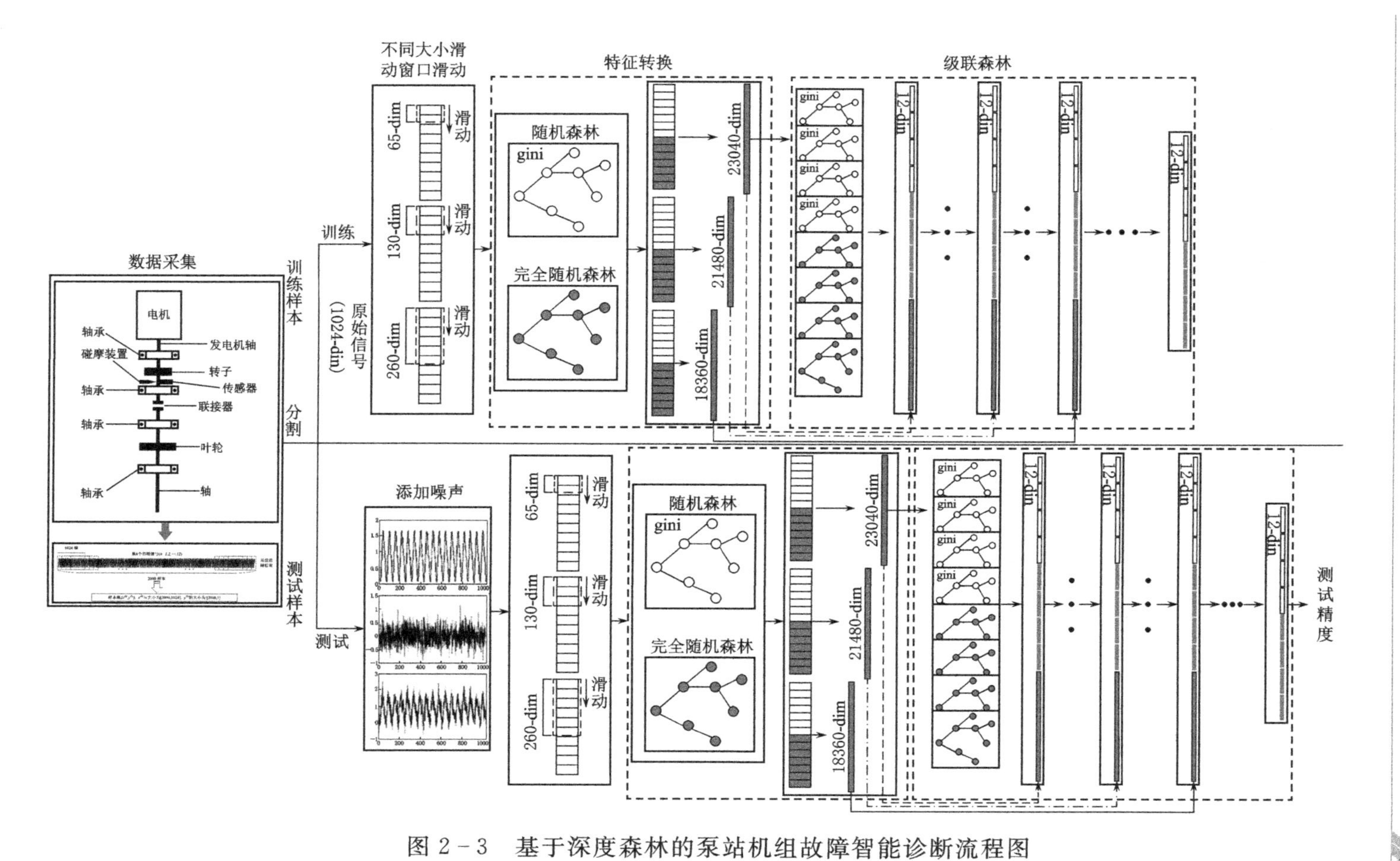

图 2－3 基于深度森林的泵站机组故障智能诊断流程图

集原始信号中加入噪声，利用训练好的基于深度森林的端到端智能故障诊断模型对其故障类型进行识别。

其中，超参数包括森林的类型和数量，每个森林中的树木，以及树木生长的停止标准。在多粒度扫描中，还应考虑滑动窗口的大小。

2.4 实验验证

实验设置了转子不对中、转子与定子碰摩以及不对中与碰摩耦合三种故障型式，并模拟了在不同转速下的这三种故障。根据实验采集的故障信号，构建了故障样本集，利用实验故障样本集，对基于深度森林的端到端智能故障诊断方法进行了验证，并与支持向量机（SVM）和极限学习机（ELM）等故障诊断模型的性能进行了比较。同时，考虑到实际运行中不可避免的噪声，为了测试该方法对噪声信号的性能，在原始测量信号中加入高斯白噪声，构建了一个含噪数据集以逼近现实运行场景故障样本集，并测试了实验故障样本集和逼近现实场景的含噪声样本集在不同样本集大小下，基于深度森林的端到端智能故障诊断方法的性能。

2.4.1 数据采集

泵站机组试验台如图 2-4 所示。在轴承上增加厚度为 1.0mm 的薄环形垫片使下端转子与上端转子产生一定的不对中量来模拟平行不对中故障；在距转子 0.2mm 的导轴承上方试验台上安装黄铜螺钉，当转子高速旋转产生大于螺钉与转子间间距振幅的振动时，转子与螺钉发生碰磨，以模拟碰摩故障[170]。机组模拟的转速范围为 1000 ～ 3000r/min；采样频率为 1000Hz；采样长度为 7200。

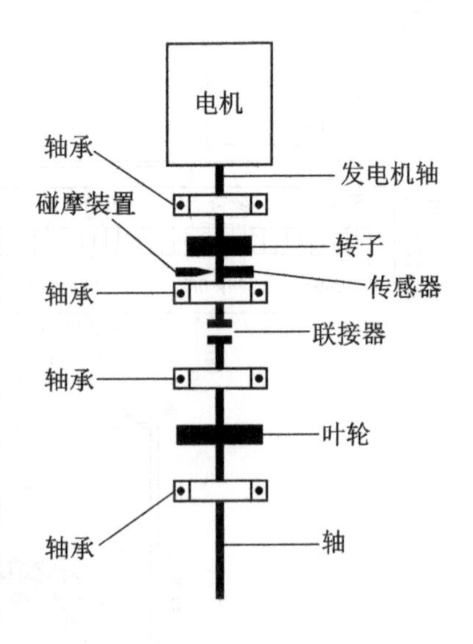

图 2-4 泵站机组试验台示意图

2.4.2 故障样本集构造

采样点数选取 1024，故利用维数为 1024 的子片段进行滑动切片，构建故障样本集，具体过程如图 2-5 所示。因此，本研究故障样本集共包含 2000 个样本，具体样本集的信息见表 2-1。为了减少分类结果的偶然性，每类故障随机选取 1600 个样本进行训练，其余 400 个样本进行测试。

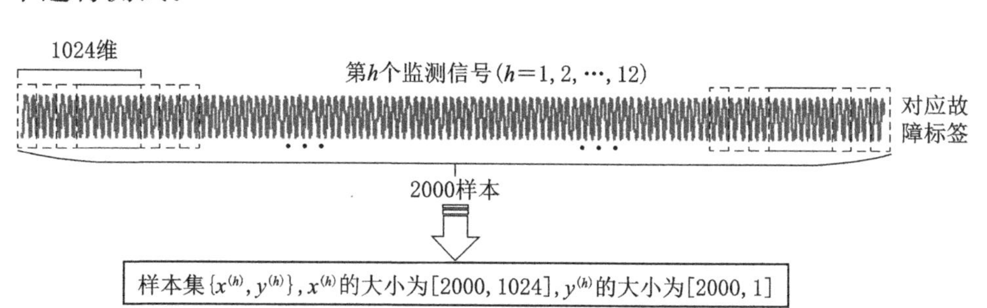

图 2-5 故障样本集的构造

表 2-1 故障样本集信息表

故障类型	水力机组转速/(r/min)	样本数目/个	类标签
平行不对中故障	1000	2000	1
	2000	2000	2
	2500	2000	3
	3000	2000	4
碰摩故障	1000	2000	5
	1500	2000	6
	2000	2000	7
平行不对中和碰摩耦合故障	1000	2000	8
	1500	2000	9
	2000	2000	10
	2500	2000	11
	3000	2000	12

此外，由于水力机组实际运行中，水力、机械、电磁等多种因素可能给故障信号带来噪声，因此，为模拟从现实场景中采集到的信号，以评价基于深度森林的端到端智能故障诊断方法对含噪声信号的诊断精度，在原始实验数据上加入不同信噪比的噪声，构建了含不同噪声等级的故障样本集。为了构建含噪声的故障样本集，首先计算每个原始实验故障信号的功率，然后加入特定信噪比的高斯白噪声。信噪比（*SNR*）定义如下：

$$SNR = 10\lg(\frac{P_s}{P_n}) \tag{2-9}$$

式中：P_s 和 P_n 分别为信号功率和噪声功率。

图 2-6 展示了一组原始实验故障信号、高斯白噪声信号以及含高斯白噪声的故障信号图。本书以信噪比为 10～30dB 的含噪故障信号，对基于深度森林的端到端智能故障诊断方法进行了测试。

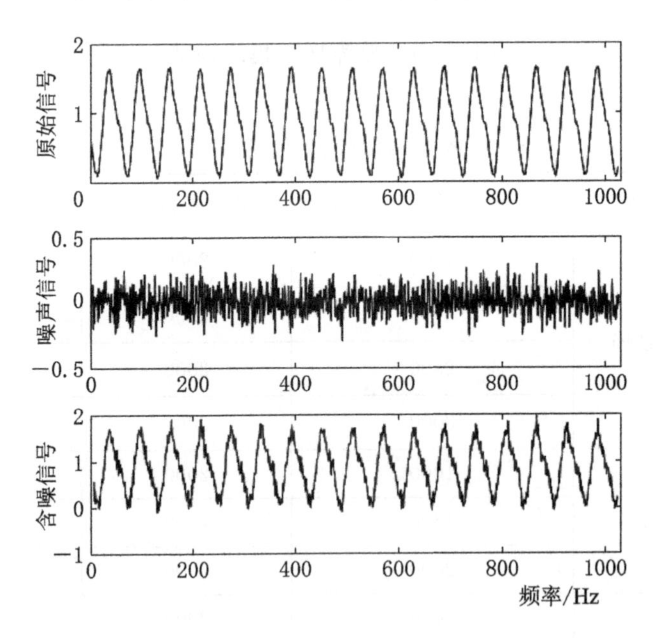

图 2-6 含噪信号的构建

2.4.3 超参数选择

实验中，选取的深度森林的超参数见表 2-2。

表 2-2　　深度森林的超参数

第一步：多粒度扫描	第二步：级联森林
森林类型：完全随机森林、随机森林	森林类型：完全随机森林、随机森林
森林数：{2}	森林数：{8}
每个森林的决策树数：{500}	每个森林的决策树数：{500}
树木生长：至纯叶或深度 100	树木生长：至纯叶
滑动窗口尺寸：{65,130,260}	

2.4.4 计算结果对比分析

在多粒度扫描中，使用具有 65、130 和 260 维的滑动窗口扫描每个原始 1024 维样本，分别生成 960、895 和 765 个对应于 65、130 和 260 维特征向量。将这些特征向量分别输入一个随机森林和一个完全随机森林，其中每个森林包含 500 个决策树。在 12 种工况下，分别得到与 1024 维原始数据对应的 23040、21480 和 18360 维转换后的特征向量。

经多粒度扫描转换后的训练集将经过级联森林，其每层包含 4 个完全随机森林和 4 个随机森林，且每个森林包含 500 个决策树。其中，随机选取 80%的样本训练基于深度森林的端到端智能故障诊断模型，剩余 20%样本则测试训练好的模型性能。对每个实验数据集进行 10 次试验。在本案例研究中，泵站机组故障诊断不需要任何信号预处理或人工特征提取。表 2-2 列出了本案例研究中使用的参数。

为分析该方法的性能，将该方法与标准深度自编码、SVM 和 ELM 故障诊断方法进行了比较。在标准深度自编码中，选取的体系结构为 1024-512-256-12，学习率为 0.001，每个标准自编码器在 20 次迭代中完成其预训练。支持向量机采用 RBF 核，惩罚因子为 20，半径为 0.8。在 ELM 中，根据经验，将每个隐含层的节点分别设置为 15、15 和 400。此外，还在由频域分析方法提取好的故障特征的基础上分别使用 SVM 和 ELM 对故障类型进行了识别，以进一步验证基于深度森林的端到端智能故障诊断方法的性能。

表 2-3 给出了不同信噪比的故障样本集在不同故障诊断方法下的

计算结果。

表 2-3 不同 *SNR* 下数据集在不同诊断方法下的计算结果表

方 法	信噪比（*SNR*）/dB					无噪声
	10	15	20	25	30	
深度森林	98.19%	100%	100%	100%	100%	100%
标准深度自编码	29.23%	51.44%	71.75%	86.94%	98.54%	100%
SVM	8.33%	8.33%	8.33%	8.33%	55.31%	100%
ELM	12.67%	26.38%	35.27%	69.71%	78.90%	81.27%
特征提取＋SVM	83.33%	100%	100%	100%	100%	100%
特征提取＋ELM	35.79%	49.60%	65.38%	78.31%	94.98%	98.06%

由表 2-3 可知，基于深度森林的端到端智能故障诊断方法对泵站机组故障诊断非常有效，测试精度达到 100%。但是，值得注意的是，其他三种方法的测试精度也非常高（对于标准深度自编码、SVM 和 ELM 分别为 100%、100%和 81.27%）。此外，基于故障特征提取的 SVM 和 ELM 的测试精度分别为 100%和 98.06%。对比结果表明，不论传统故障诊断是否经过信号预处理，基于深度森林的端到端智能故障诊断方法都是有效且具有竞争力的泵站机组故障诊断方法。但所有方法的精度都很高，因此对其原因进行了仔细的分析。研究发现，水力机组转速越高，故障特征越明显。因此，高测试精度可能归因于不同转速的影响。

同时，表 2-3 还给出了各方法在不同信噪比（10～30dB）的噪声数据集下的测试精度。在信噪比分别为 10dB、15dB、20dB、25dB 和 30dB 时，基于深度森林的端到端智能故障诊断方法的测试精度分别为 98.19%、100%、100%、100%和 100%，远高于其他方法。对于小噪声（*SNR*＝30dB）信号，除了 SVM 低于 60%外，所有算法的诊断准确率都相对较高；而对于噪声较大（*SNR*＝10dB）的信号，所有算法的诊断准确率都相对较低，只有所提出的方法和 SVM 在故障特征提取基础上的诊断准确率分别为 98.19%和 83.33%。对比以上实验结果，表明无论传统故障诊断是否经过人工特征的提取，基于深度

森林的端到端智能故障诊断方法都具有更强的抗噪声能力，同时其抗噪声能力也远高于基于 DNNs 的深度自编码模型。因此，该方法具有直接应用于实际运行监测数据的潜力，同时也可能克服泵站机组实际运行中由于故障样本较少而难以实现故障诊断的困难。由于其对噪声具有较好的鲁棒性，可通过泵站机组故障实验对实际故障样本进行扩展。

尽管可以通过实验扩展故障样本，但由于泵站机组实际运行中故障样本有限，为进一步保证诊断的准确性，其针对小样本的诊断性能也非常重要。因此，分别对包含 1200 个、3600 个、6000 个、10800 个、15600 个、24000 个和 36000 个样本的样本集进行了性能评价，并对其含不同噪声大小的含噪数据集也进行了性能评价。表 2－4 显示，对于无噪声数据集和信噪比为 15～30dB 的含噪声数据集，无论数据集的大小，其测试精度均是 100%。对于信噪比为 10dB 的含噪声数据集，测试精度为 95%～99%。由此可见，基于深度森林的端到端智能故障诊断方法对小样本数据集也具有较好的抗噪声能力和鲁棒性，进一步说明了该方法的有效性和实用性。

表 2－4　不同大小的不同含噪声数据集计算结果

噪声（信噪比）/dB	样本集每个故障的样本数						
	100	300	500	900	1300	2000	3000
10	98.75%	96.39%	97.75%	97.41%	95.61%	98.19%	97.89%
15	100%	100%	100%	99.91%	100%	100%	100%
20	100%	100%	100%	100%	100%	100%	100%
25	100%	100%	100%	100%	100%	100%	100%
30	100%	100%	100%	100%	100%	100%	100%
无噪声	100%	100%	100%	100%	100%	100%	100%

2.5　本　章　小　结

为自动、准确地识别机组故障类型，本章提出了基于深度森林的泵站机组端到端智能故障诊断模型。通过利用指定维数的子片段进行滑动切片，构建了实验故障样本集；并通过在原始实验故障数据上加入不同信噪比的噪声，构建了含不同噪声等级的故障样本集以逼近现实运行场景故障样本集。在此基础上，利用构建的实验故障样本集和含不同噪声等级的故障样本集，对智能故障诊断模型在不同样本集大小下的有效性、抗噪声能力进行了分析验证。主要结论如下：

（1）基于深度森林的泵站机组智能故障诊断方法可实现自适应地从泵站机组监测系统获得的原始时域测量信号到故障类型预测的端到端智能故障诊断。具体地，模型中的多粒度扫描用于转换和增强故障特征表征，级联森林用于进一步提取故障特征，同时输出最终的预测结果。在样本集大小为 2000 的情况下，基于深度森林的泵站机组智能故障诊断方法在信噪比为 10～30dB 以及无噪声的情况下，测试精度介于 98.19%～100%，高于传统故障诊断方法及标准深度自编码。对于样本集大小为 1200～36000，在信噪比为 10～30dB 以及无噪声的情况下，其测试精度均高于 95%，说明该方法都具有较高的精度以及较强抗噪声能力。

（2）由于该方法对噪声具有较强的鲁棒性，提出了在实验故障样本信号上添加一定信噪比的噪声以逼近现实运行场景故障样本，为解决实际泵站机组故障样本少的问题提供了一种可能的扩充方法。

3 梯级泵站调水工程瞬变流模拟及防护措施研究

为保障梯级泵站调水工程的安全可靠运行，对其进行水力仿真以全面刻画工程沿线水情，尤其瞬变过程沿线水力要素随时间的变化规律，并在此基础上，对设计、运行阶段的防护及控制进行研究至关重要。目前，对于调水工程瞬变流模拟方法的研究相对比较深入，但由于其沿线地形、地质条件的不同，调水方式、结构、流态复杂多样，并具有极强的个体特殊性，因此，有必要针对不同调水工程的组成及运行特点，分析其稳态运行状态、预测瞬变过程沿线各水力设施、水力要素的变化规律、响应时间，研究相应的防护及调控措施等。本章在瞬变流模拟理论及方法的基础上，建立了对不同调水工程具有较强的自适应性及通用性的系统自适应水力瞬变模型。并对某管渠结合的梯级调水工程的稳态及瞬变过程进行了研究，为类似调水工程的安全调度运行提供了指导。

3.1 调水工程系统自适应水力瞬变模型

本节详细介绍了瞬变流模拟计算的理论、方法以及基本边界条件的处理方法[75,86-88]，并重点介绍了瞬变流数值模拟模型自适应建模方法以及模型计算流程。

3.1.1 瞬变流模拟计算基本理论及方法

3.1.1.1 管道瞬变流计算基本理论及方法

管道瞬变流的控制方程包括连续方程及其相应的运动方程：

$$v\frac{\partial H}{\partial x}+\frac{\partial H}{\partial t}-v\sin\alpha+\frac{a^2}{g}\frac{\partial v}{\partial x}=0 \tag{3-1}$$

$$g\frac{\partial H}{\partial x}+v\frac{\partial v}{\partial x}+\frac{\partial v}{\partial t}+\frac{fv|v|}{2D}=0 \tag{3-2}$$

式中：v 为平均流速；H 为测压管水头；x 为沿管道中心线距离起点的距离；α 为管道中心线与水平线的夹角；a 为波速；g 为重力加速度；f 为 Darcy－Weisbach 摩擦系数；D 为管道直径。

式（3－1）和式（3－2）是一组偏微分方程，利用特征线法沿特征线可将其转化为一组全微分方程，分别为 C^+、C^- 特征线方程：

$$C^+:\begin{cases}\dfrac{\mathrm{d}x}{\mathrm{d}t}=v+a\\[2mm]\dfrac{\mathrm{d}H}{\mathrm{d}t}+\dfrac{a}{g}\dfrac{\mathrm{d}v}{\mathrm{d}t}-v\sin\alpha+\dfrac{afv|v|}{2gD}=0\end{cases} \tag{3-3}$$

$$C^-:\begin{cases}\dfrac{\mathrm{d}x}{\mathrm{d}t}=v-a\\[2mm]\dfrac{\mathrm{d}H}{\mathrm{d}t}-\dfrac{a}{g}\dfrac{\mathrm{d}v}{\mathrm{d}t}-v\sin\alpha-\dfrac{afv|v|}{2gD}=0\end{cases} \tag{3-4}$$

在通常情况下，$V<<a$，故可在特征线方程中略去 V。此时，对于给定的管道，a 为常数，特征线 $\dfrac{\mathrm{d}x}{\mathrm{d}t}=\pm a$ 在 $x-t$ 平面上是斜率为 $\pm a$ 的两条直线。为进行水力瞬变计算，把长为 L 的管道分成每段长 Δx 的若干段，并取时间步长为 $\Delta t=\dfrac{\Delta x}{a}$，就得到如图 3－1 所示的 $x-t$ 平面矩形计算网格，并且矩形网格的对角线即特征线。

用管道流量 $Q=Av$ 代替流速 v（其中，A 为管道过水面积），并沿特征线对特征线方程积分，用 i 表示管段上的结点号，用 j 表示时层号，特征线方程可表示为式（3－5）和式（3－6）：

$$C^+:H_i^{j+1}=C_P-BQ_i^{j+1} \tag{3-5}$$

$$C^-:H_i^{j+1}=C_M+BQ_i^{j+1} \tag{3-6}$$

式中：

$$C_P=H_{i-1}^j+(B+C)Q_{i-1}^j-RQ_{i-1}^j|Q_{i-1}^j| \tag{3-7}$$

$$C_M = H_{i+1}^j - (B - C)Q_{i+1}^j + RQ_{i+1}^j \left| Q_{i+1}^j \right| \tag{3-8}$$

$$B = \frac{a}{gA} \tag{3-9}$$

$$C = \frac{\Delta t}{A}\sin\alpha \tag{3-10}$$

$$R = \frac{f\Delta x}{2gDA^2} \tag{3-11}$$

式（3-5）～式（3-11）即封闭式管道瞬变流计算的常用公式。

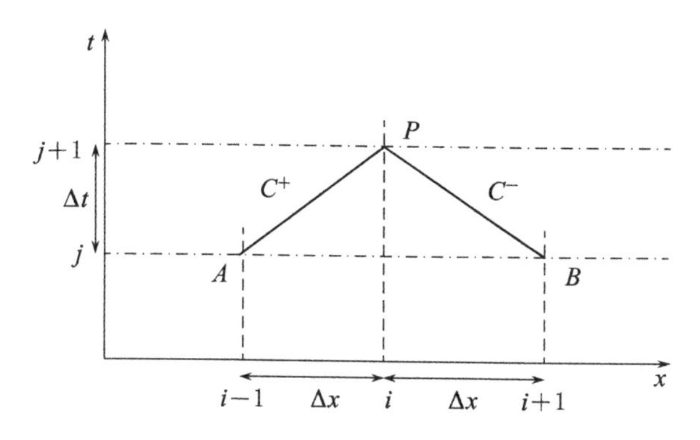

图 3-1　$x-t$ 平面矩形计算网格

3.1.1.2　明渠非恒定流计算基本理论及方法

明渠非恒定流控制方程包括连续方程及运动方程，分别如下：

$$B\frac{\partial h}{\partial t} + \frac{\partial Q}{\partial x} = q \tag{3-12}$$

$$\frac{g}{\cos\alpha}\frac{\partial h}{\partial x} + g(J_f - \sin\alpha) + \frac{2Q}{A^2}\frac{\partial Q}{\partial x} - \frac{Q^2}{A^3}\frac{\partial A}{\partial x} + \frac{1}{A}\frac{\partial Q}{\partial t} = 0 \tag{3-13}$$

式中：B 为过水断面顶宽；h 为水深；Q 为过水断面流量；x 为沿渠道中心线距离起点的距离；q 是渠道单位长度上的旁侧入流；g 为重力加速度；α 为渠道底面与水平方向夹角；$J_f = \frac{n^2 v^2}{R^{4/3}}$ 为能量坡度线的斜率，R 是水力半径，n 为糙率，v 为过水断面流速；A 为过水断面面积。

对于棱柱形断面，满足 $\dfrac{\partial A}{\partial x}=\dfrac{\partial A}{\partial h}\dfrac{\partial h}{\partial x}=B\dfrac{\partial h}{\partial x}$ ，同时，明渠底坡较缓，即 $\cos\alpha\approx 1,\sin\alpha\approx i$ ，其中，i 为明渠底坡。此外，若不考虑明渠的旁侧入流，即 $q=0$，则式（3－12）和式（3－13）可写为

$$B\frac{\partial h}{\partial t}+\frac{\partial Q}{\partial x}=0 \tag{3-14}$$

$$\frac{\partial Q}{\partial t}+\frac{2Q}{A}\frac{\partial Q}{\partial x}+\left(gA-\frac{Q^2}{A^2}B\right)\frac{\partial h}{\partial x}=gA(i-J_f) \tag{3-15}$$

同管道瞬变流计算一致，利用特征线法沿特征线可将式（3－14）和式（3－15）转化为一组全微分方程，分别成为 C^+、C^- 特征线方程：

$$C^+:\begin{cases}\dfrac{\mathrm{d}x}{\mathrm{d}t}=\dfrac{Q}{A}+\sqrt{gA/B}\\[2ex] Bc^-\dfrac{\mathrm{d}h}{\mathrm{d}t}-\dfrac{\mathrm{d}Q}{\mathrm{d}t}=f\end{cases} \tag{3-16}$$

$$C^-:\begin{cases}\dfrac{\mathrm{d}x}{\mathrm{d}t}=\dfrac{Q}{A}-\sqrt{gA/B}\\[2ex] Bc^+\dfrac{\mathrm{d}h}{\mathrm{d}t}-\dfrac{dQ}{dt}=f\end{cases} \tag{3-17}$$

式中：$f=-gA(i-\dfrac{n^2|Q|Q}{A^2R^{4/3}})$ 。

将式（3－16）、式（3－17）差分化，得到其差分格式（3－18）、式（3－19）。如图 3－2 所示，为求当前时层（$j+1$）上 P 点的 h、Q，需向上一时层 j 作顺、逆特征线，得到交点 L、R。

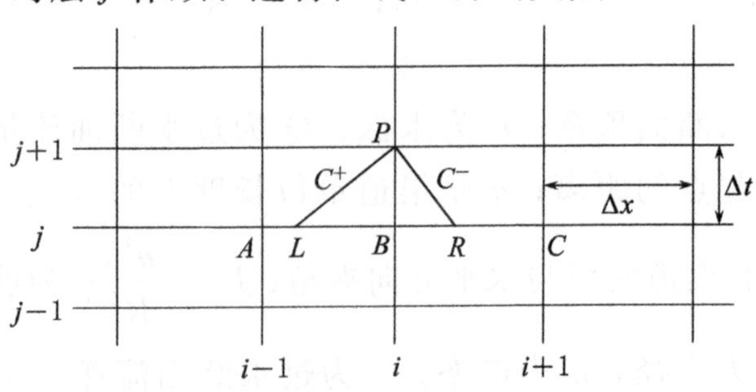

图 3－2　明渠 $x-t$ 特征线网格

$$C^+:\begin{cases}x_P - x_L = c^+\Delta t\\ Bc^-(h_P - h_L) - (Q_P - Q_L) = f\Delta t\end{cases} \tag{3-18}$$

$$C^-:\begin{cases}x_P - x_R = c^-\Delta t\\ Bc^+(h_P - h_R) - (Q_P - Q_R) = f\Delta t\end{cases} \tag{3-19}$$

计算中 c^+、c^- 分别采用顺、逆特征线（PL、PR）两端点的平均值 $\overline{c^+}_{P,L}$、$\overline{c^-}_{P,R}$ 近似，则：

$$C^+:\begin{cases}x_P - x_L = \overline{c^+}_{P,L}\Delta t\\ \overline{(Bc^-)}_{P,L}(h_P - h_L) - Q_P + Q_L = \bar{f}_{P,L}\Delta t\end{cases} \tag{3-20}$$

$$C^-:\begin{cases}x_P - x_R = \overline{c^-}_{P,R}\Delta t\\ \overline{(Bc^+)}_{P,R}(h_P - h_R) - Q_P + Q_R = \bar{f}_{P,R}\Delta t\end{cases} \tag{3-21}$$

式中：$\bar{f}_{P,L}$、$\bar{f}_{P,R}$ 分别为 f 在 P 与 L 两点、P 与 R 两点上的平均值；$\overline{(Bc^-)}_{P,L}$、$\overline{(Bc^+)}_{P,R}$ 分别为 Bc^- 在 P 与 L 两点，Bc^+ 在 P 与 R 两点的平均值；对于 R、L 点上断面的水深、流量等信息可通过同一时层已知的网格结点 A、B、C 三点的值的二次插值得到。

该特征线格式需满足库朗稳定条件：

$$|c^{\pm}|\frac{\Delta t}{\Delta x} \leqslant 1 \tag{3-22}$$

3.1.1.3 明满流交替计算基本原理及方法

隧洞、暗渠等中的水流在瞬变过程中，可能由无压流动变为有压流动，也可能由有压流动变为无压流动，即出现明满流交替，给系统的安全稳定运行带来巨大的影响。目前，对明满流模拟计算及预测的主要方法为窄缝法。

窄缝法通过假定有压管流的顶部存在一个宽度为 $B=gA/c^2$ 的理想的竖直向上的窄缝，来实现有压管流、无压明流的统一计算。其中，c 在有压管流中表示波速，即 $c=a=\sqrt{gA/B}$。

首先，为使得有压管流、无压明流具有相同形式的控制方程，对于有压管流，将式（3-1）和式（3-2）中的测压管水头 H 通过公式

$H=h+z$ 转换为压力水头 h 的表示形式，其中 z 为底高程，且满足 $\sin\alpha=\frac{\partial z}{\partial x}$。此外，$\alpha$ 较小时，沿程坡降即可取 $i=-\sin\alpha$。并用管道流量 $Q=Av$ 代替流速 v，且相对于无压明流，旁侧入流为 0，即有 $\frac{\partial A}{\partial t}+\frac{\partial Q}{\partial x}=0$，则转换后的形式为式（3-23）、式（3-24），其形同棱柱形断面时无压明流的计算式（3-14）和式（3-15）。

$$B\frac{\partial h}{\partial t}+\frac{\partial Q}{\partial x}=0 \tag{3-23}$$

$$\frac{\partial Q}{\partial t}+\frac{2Q}{A}\frac{\partial Q}{\partial x}+\left(gA-\frac{Q^2}{A^2}B\right)\frac{\partial h}{\partial x}=gA(i-J_f) \tag{3-24}$$

式中：$J_f=\frac{fv|v|}{2gD}$。

其次，其求解方法采用利用借助特征线的形式，而不受库朗稳定条件限制的特征隐式格式法求解[74]。

将式（3-16）沿 C^+ 方向还原为偏微分形式：

$$Bc^-\left(\frac{\partial h}{\partial t}+c^+\frac{\partial h}{\partial x}\right)-\left(\frac{\partial Q}{\partial t}+c^+\frac{\partial Q}{\partial x}\right)=f \tag{3-25}$$

将式（3-17）沿 C^- 方向还原为偏微分形式：

$$Bc^+\left(\frac{\partial h}{\partial t}+c^-\frac{\partial h}{\partial x}\right)-\left(\frac{\partial Q}{\partial t}+c^-\frac{\partial Q}{\partial x}\right)=f \tag{3-26}$$

式中：$c^{\pm}=\frac{Q}{A}\pm\sqrt{gA/B}$，$f=-gA(i-J_f)$，采用曼宁公式，$J_f=\frac{n^2Q^2}{A^2R^{4/3}}$。

对式（3-25）、式（3-26）在时间上采用向前差分，即式（3-27）；空间上分别采用逆风格式差分，即式（3-28）、式（3-29），得到式（3-30）、式（3-31）：

$$\begin{cases}\frac{\partial Q}{\partial t}=\frac{Q_i^{j+1}-Q_i^j}{\Delta t}\\ \frac{\partial h}{\partial t}=\frac{h_i^{j+1}-h_i^j}{\Delta t}\end{cases} \tag{3-27}$$

$$沿\ C^+\ 方向：\begin{cases}\dfrac{\partial Q}{\partial x}=\dfrac{Q_i^{j+1}-Q_{i-1}^{j+1}}{\Delta x}\\[2ex]\dfrac{\partial h}{\partial x}=\dfrac{h_i^{j+1}-h_{i-1}^{j+1}}{\Delta x}\end{cases} \tag{3-28}$$

$$沿\ C^-\ 方向：\begin{cases}\dfrac{\partial Q}{\partial x}=\dfrac{Q_{i+1}^{j+1}-Q_i^{j+1}}{\Delta x}\\[2ex]\dfrac{\partial h}{\partial x}=\dfrac{h_{i+1}^{j+1}-h_i^{j+1}}{\Delta x}\end{cases} \tag{3-29}$$

$$a_1h_{i-1}^{j+1}+b_1Q_{i-1}^{j+1}+c_1h_i^{j+1}+d_1Q_i^{j+1}=e_1 \tag{3-30}$$

$$a_2h_i^{j+1}+b_2Q_i^{j+1}+c_2h_{i+1}^{j+1}+d_2Q_{i+1}^{j+1}=e_2 \tag{3-31}$$

式中：下标表示空间层，上标为时间层，$a_1=-\dfrac{B_i^jc^-\ c^+\ \Delta t}{\Delta x}$，$b_1=\dfrac{c^+\ \Delta t}{\Delta x}$，$c_1=B_i^jc^--a_1$，$d_1=-(1+b_1)$，$e_1=B_i^jc^-\ h_i^j-Q_i^j+\Delta tf$，$a_2=B_i^jc^++a_1$，$b_2=-(1-\dfrac{c^-\ \Delta t}{\Delta x})$，$c_2=-a_1$，$d_2=-(1+b_2)$，$e_2=B_i^jc^+h_i^j-Q_i^j+\Delta tf$，$c^\pm=\dfrac{Q_i^j}{A_i^j}\pm\sqrt{\dfrac{gA_i^j}{B_i^j}}$，$f=-gA_i^{j+1}\left(i_i^{j+1}-\dfrac{n^2Q|Q|}{A^2R^{4/3}}\bigg|_i^{j+1}\right)$，$f$ 采用通过迭代计算得到计算时层对应的值进行计算，以提高计算收敛性。

3.1.2 基本边界条件

为求解调水工程瞬变过程，还需给定调水工程主要涉及的定水位、定流量、水泵、调压室、调节池、阀、闸门、空气阀、泄压阀、节点串并联连接方式等基本边界条件。

3.1.2.1 定水位边界

在水力瞬变过程中假定上游水位、下游水位不变，处理成水位固定的边界，结合特征线方程，可得其边界方程为

$$H_{P1}=H_C \tag{3-32}$$

$$H_{P2}=H_C \tag{3-33}$$

式中：H_C 为定水位；H_{P1} 为上游定水位情况下，出口管道第一个截面的测压管水头；H_{P2} 为下游定水位情况下，进口管道最后一个截面的测压管水头。其可分别结合相应管段的特征线方程求解。

3.1.2.2　管道连接点边界

串联、并联、分叉和汇合等管道连接点边界条件满足连续方程和能量方程。以图 3-3 为例。

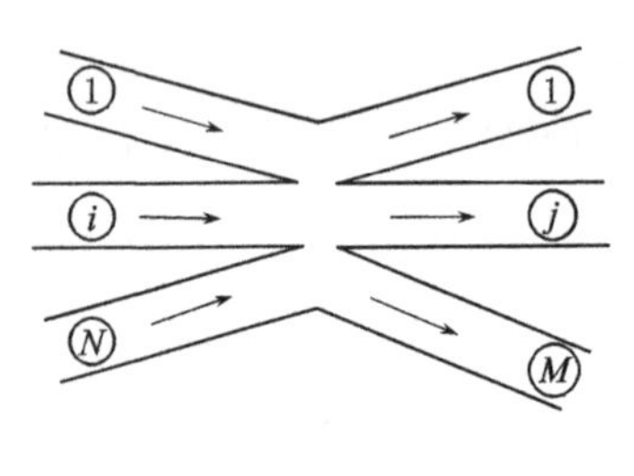

图 3-3　管道连接

由流量连续有：

$$\sum_{i=1}^{N} Q_{Pi} = \sum_{j=1}^{M} Q_{Pj} \tag{3-34}$$

根据能量方程有：

$$H_{Pi} + \frac{Q_{Pi}^2}{2gA_{Pi}^2} - K|Q_{Pi}|Q_{Pi} = H_{Pj} + \frac{Q_{Pj}^2}{2gA_{Pj}^2},\quad i=1,2,\cdots,N; j=1,2,\cdots,M \tag{3-35}$$

式中：Q_{Pi}、H_{Pi}、A_{Pi} 分别为管道连接节点进口侧 i 号管道的流量、测压管水头、管道面积；Q_{Pj}、H_{Pj}、A_{Pj} 分别为管道连接节点出口侧 j 号管道的流量、测压管水头、管道面积；K 为局部损失系数。

式（3-34）和式（3-35）结合各管段的特征线方程求解可得到管道连接点的边界条件。

3.1.2.3　明渠连接点边界

明渠连接点边界条件同样满足连续方程和能量方程。

根据连续方程有：

$$\sum_{i=1}^{N} Q_{Pi} = \sum_{j=1}^{M} Q_{Pj} \tag{3-36}$$

能量方程中不考虑过水断面渐变产生的速度水头差，且将局部水头损失考虑在沿程损失中，则其为如下形式：

$$\frac{h_{Pi}}{\cos\alpha_i} + z_{Pi} = \frac{h_{Pj}}{\cos\alpha_j} + z_{Pj},\quad i=1,2,\cdots,N; j=1,2,\cdots,M \tag{3-37}$$

式中：Q_{Pi}、h_{Pi}、α_i、z_{Pi} 分别为明渠连接点进口侧 i 号明渠的流量、

水深、倾角及底高程；Q_{Pj}、h_{Pj}、α_j、z_{Pj} 分别为明渠连接点出口侧 j 号明渠的流量、水深、倾角及底高程。

若底面为缓坡，则式（3-37）可变为：

$$h_{Pi}+z_{Pi}=h_{Pj}+z_{Pj},i=1,2,\cdots,N;j=1,2,\cdots,M \quad (3-38)$$

以上方程结合各段明渠特征线方程即可得到明渠连接点的边界条件。

3.1.2.4 水泵边界

水泵的边界条件由水头平衡方程和转动方程组成：

$$H_{PS}+\frac{Q_P^2}{2gA_{PS}^2}+t\mathrm{d}H_P=H_{PU}+\frac{Q_P^2}{2gA_{PU}^2} \quad (3-39)$$

$$T_P=-I\frac{2\pi}{60}\frac{\mathrm{d}n_P}{\mathrm{d}t} \quad (3-40)$$

式中：H_{PS} 为水泵进水侧最后一个截面的测管水头；Q_P 为水泵流量；$t\mathrm{d}H_P$ 为水泵扬程；H_{PU} 为水泵出水侧第一个截面的测管水头；A_{PS}、A_{PU} 分别为进水侧、出水侧管道横截面面积；T_P 为水泵的转矩；I 为旋转部件及其内部液体的综合极惯性矩；n_P 为转速。

式（3-39）结合前、后管道截面的特征线方程可得：

$$t\mathrm{d}H_P=(C_{MU}-C_{PS})+(B_U+B_S)Q_P+\left(\frac{1}{A_{PU}^2}-\frac{1}{A_{PS}^2}\right)\frac{Q_P^2}{2g} \quad (3-41)$$

其中，水泵特性描述采用 Suter 法，即：

$$\begin{cases}WH(x)=\dfrac{h}{\alpha^2+v^2}\\[2ex]WB(x)=\dfrac{\beta}{\alpha^2+v^2}\end{cases} \quad (3-42)$$

式中：$x=\pi+\tan^{-1}\left(\dfrac{v}{\alpha}\right)$，$h=\dfrac{t\mathrm{d}H_P}{t\mathrm{d}H_r}$，$\beta=\dfrac{T_P}{T_r}$，$\alpha=\dfrac{n_P}{n_r}$，$v=\dfrac{Q_P}{Q_r}$；下标 r 表示相应量的额定值。WH（x_i）是以离散点的形式表示的，一个 x_i 对应一个 WH（x_i），相邻 x_i 的差值为 $\Delta x=\pi/44$。由于实际计算中 v 和 α 所计算的 x，不可能精确落在这些 x_i 上，因此需要插值，插

值按线性插值公式进行：

$$WH(x)=A_0+A_1x \tag{3-43}$$

$$WB(x)=B_0+B_1x \tag{3-44}$$

式中：$A_1=[WH(x_{i+1})-WH(x_i)]/\Delta x$，$A_0=WH(x_i)-A_1x_i$，$B_0=WB(x_i)-B_1x_i$，$B_1=[WB(x_{i+1})-WB(x_i)]/\Delta x$。

将式（3-42）～式（3-44）代入式（3-41），并忽略速度水头的影响，可得以 v 和 α 作为未知数的水头平衡方程：

$$\begin{aligned}F_1=&C_{PS}-C_{MU}-(B_S+B_U)Q_rv\\&+t\mathrm{d}H_r(\alpha^2+v^2)\left[A_0+A_1\left(\pi+\tan^{-1}\frac{v}{\alpha}\right)\right]=0\end{aligned} \tag{3-45}$$

一般来说，泵的全特性不易获得，可采用相近比转速 $n_s=\dfrac{3.65n\sqrt{Q}}{H^{3/4}}$ 的泵特性来近似或插值获得。

同理，转动方程可转换为

$$\begin{aligned}F_2=&(\alpha^2+v^2)\left[B_0+B_1\left(\pi+\tan^{-1}\frac{v}{\alpha}\right)\right]\\&+\beta_0+I\frac{n_r}{T_r}\frac{\pi}{15\Delta t}(\alpha-\alpha_0)=0\end{aligned} \tag{3-46}$$

式（3-45）和式（3-46）构成了关于 v 和 α 的封闭方程，可以用 Newton - Raphson 法求解。

3.1.2.5 阀门边界

瞬变过程中阀门孔口方程采用定常态时的孔口方程：

$$Q_P=\tau Q_r\sqrt{\Delta H_P/\Delta H_r} \tag{3-47}$$

式中：阀门全开时通过阀门的流量 $Q_r=(C_DA_g)_r\sqrt{2g\Delta H_r}$，无量纲开度为 $\tau=\dfrac{C_DA_g}{(C_DA_g)_r}$；$C_D$ 为流量系数；A_g 为过流面积；ΔH_P 为阀门两侧的压力水头差，下标 r 表示阀门全开工况。

为使得式（3-47）适用于瞬变过程可能出现的液体流动方向改变的情况，可改写为

$$Q_P = \tau Q_r \frac{\Delta H_P}{|\Delta H_P|}\sqrt{|\Delta H_P|/\Delta H_r} \tag{3-48}$$

阀门孔口方程联合连接管道相应的特征线方程可得到其边界条件。

3.1.2.6 闸门边界

在闸门为淹没出流的情况下，且不考虑通过闸门的流体流速的微幅变化，则同阀门边界，瞬变过程中的闸门方程仍可使用定常态时的：

$$Q_P = \xi_P \frac{\Delta H_P}{|\Delta H_P|}\sqrt{2g|\Delta H_P|} \tag{3-49}$$

式中：Q_P 为闸门流量；ξ_P 为与闸门开度、闸宽、孔数、流速系数、收缩系数等相关的反映闸门流量的系数；ΔH_P 为闸门前、后水位差。

类似于阀门边界，可定义闸门的无量纲开度。然后，式（3-49）联合连接明渠断面的特征线方程即可得到其边界条件。

3.1.2.7 逆止阀边界

逆止阀是一种保证水流单向流动的特殊阀门，其边界条件与普通阀门边界条件的区别在于：

水流正向流动，即 $C_{P1} - C_{M2} > 0$ 时，阀门开启，满足阀门的边界条件。

水流反向流动，即 $C_{P1} - C_{M2} < 0$ 时，阀门处于关闭状态，即式（3-48）变为如下方程：

$$Q_P = 0 \tag{3-50}$$

式中：C_{P1}、C_{M2} 分别为上游管道最后一个断面处和下游管道第一个断面处前一时刻的特征参数。

3.1.2.8 调压室、调节池边界

对于普通调压室、阻抗式调压室或调节池，满足连续方程和能量方程：

$$Q_I = Q_S + Q_O \tag{3-51}$$

$$Q_S = A_S \frac{dH_S}{dt} + q_y \tag{3-52}$$

$$\begin{aligned}\frac{H_S - Z}{gA_S}\frac{dQ_S}{dt} = H_P - H_S - \frac{f_S(H_S - Z)|Q_S|Q_S}{2gD_SA_S^2} \\ - \frac{|Q_S|Q_S}{gA_S^2} - \sigma\frac{|Q_S|Q_S}{2g\omega^2}\end{aligned} \tag{3-53}$$

式中：A_S、D_S 分别为调压室的横截面积和直径；H_S 为调压室水头；Z 为调压室底部高程；H_P 为调压室中心线与管道中心线相交处的水头；f_S 为调压室摩擦系数；σ 和 ω 分别为阻抗孔的水头损失系数和交叉面积；Q_S 为流入调压室的流量；Q_I 和 Q_O 分别为进水侧流量和出水侧流量；$q_y = f_{sd}x_{sd}\sqrt{2g}\,\Delta h^{1.5}$ 为调压室溢流量，其中 Δh 是水池水位高出溢流堰的高差，f_{sd} 为溢流系数，x_{sd} 为溢流堰长度。

对式（3－52）和式（3－53）积分，取二阶近似分别可得：

$$H_{S0} + \frac{0.5(Q_{S0} - q_{y0})\Delta t}{A_S} + \frac{0.5(Q_S - q_y)\Delta t}{A_S} = H_S \tag{3-54}$$

$$\begin{aligned}H_P - H_S = -\frac{2(H_{S0} - Z)Q_{S0}}{gA_S\Delta t} - H_{P0} + H_{S0} \\ + \left[\frac{2(H_{S0} - Z)}{gA_S\Delta t} + \frac{1}{g}\left(\frac{\sigma}{\omega^2} + \frac{f_S(H_{S0} - Z)}{D_SA_S^2} + \frac{2}{A_S^2}\right)|Q_{S0}|\right]Q_S\end{aligned} \tag{3-55}$$

一般情况下，可忽略调压室的沿程水头损失及水流惯性，即式（3－55）可转化为

$$H_P - H_S = -H_{P0} + H_{S0} + \frac{1}{g}\left(\frac{\sigma}{\omega^2} + \frac{2}{A_S^2}\right)|Q_{S0}|Q_S \tag{3-56}$$

式（3－51）、式（3－54）、式（3－56）联立进出口管段对应的特征线方程即可得到调压室或调节池的边界条件。

对于普通调压室或调节池只需令阻抗孔面积 $\omega = A_S$ 。

3.1.2.9 泄压阀边界条件

泄压阀按其阀前压力超过预先设定的阀门开启压力值时，阀门自动开启，释放高压水流；泄压后，阀前压力降低，小于设定的阀门关

闭压力值时，阀门自动关闭的特点建立物理模型[171]。

图 3-4 为泄压阀的简图，其中 Q_{P1}、H_{P1} 分别为泄压阀上游处的流量和压力，Q_{P2}、H_{P2} 分别为泄压阀下游处的流量和压力，Q_{P3}、H_{P3} 分别为泄压阀处的流量和压力。它们满足如下关系：

$$H_{P1}=H_{P2}=H_{P3}=H_P \tag{3-57}$$

$$Q_{P1}=Q_{P2}+Q_{P3} \tag{3-58}$$

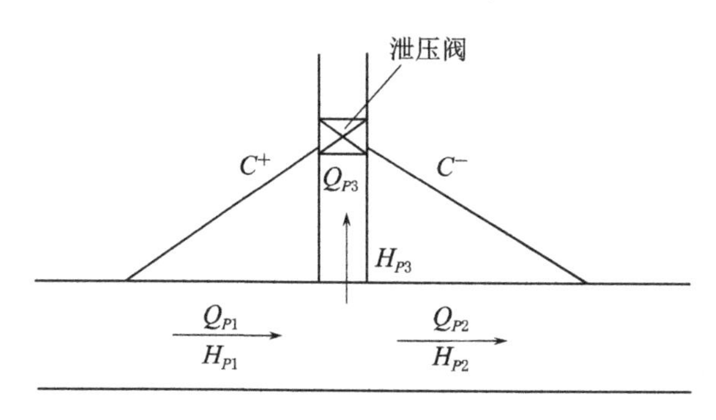

图 3-4 泄压阀示意图

当泄压阀与管道连接点处管道压力 H_P 小于泄压阀开启压力 H_{xO} 时，$Q_{P3}=0$；当 $H_P>H_{xO}$ 时，泄压阀开启，满足式（3-59）；当泄压后泄压阀与管道连接点处管道压力小于泄压阀的关闭压力 H_{xC} 时，泄压阀开始关闭，也满足式（3-59）。

$$Q_{P3}=C_dA_G\sqrt{2g(H_P-H_0)} \tag{3-59}$$

式中：H_0 为管道外部压力，其余参数同阀门参数，$H_{xC}<H_{xO}$。

式（3-57）～式（3-59）与相应管道的特征线方程联立即可得到泄压阀的边界条件。

3.1.2.10 双向调压塔边界

双向调压塔按其调压塔处管道瞬时压力 H_P 超过调压塔泄压值 H_{SO} 时开始泄水降压，低于调压室水深 H_S 时开始向管道内注水增压的特点建立物理模型。其边界条件如下，相当于调压室底部有两个流向相反的逆止阀[102,172-173]。

当 $H_P<H_S$ 时，由调压室流入管道的逆止阀开始开启，满足关

系式（3-60）～式（3-63），直至 $H_P > H_S$，该逆止阀开始关闭：

$$H_{P1} = H_{P2} = H_{P3} = H_P \tag{3-60}$$

$$Q_{P1} + Q_{P3} = Q_{P2} \tag{3-61}$$

$$Q_{P3} = C_d A_G \sqrt{2g\,|H_S - H_P|} \tag{3-62}$$

$$Q_{P3} = A_S \frac{\mathrm{d}H_S}{\mathrm{d}t} + q_y \tag{3-63}$$

当 $H_S < H_P < H_{SO}$ 时，两逆止阀均处于关闭状态，$Q_{P3}=0$，调压室底部边界按照管道内截面处理。

当 $H_P > H_{SO}$ 时，由管道流向调压室的逆止阀开始开启，式（3-61）变为式（3-64），直至 $H_P < H_{SO}$ 时，该逆止阀开始关闭：

$$Q_{P1} - Q_{P3} = Q_{P2} \tag{3-64}$$

式中：$H_{SO} = \dfrac{S_1 H_S}{S_2}$，$S_1$ 为双向调压塔上部活塞面积，S_2 为双向调压塔下部活塞面积；Q_{P1}、H_{P1} 分别为双向调压塔上游处的流量和压力；Q_{P2}、H_{P2} 分别为双向调压塔下游处的流量和压力；Q_{P3}、H_{P3} 分别为双向调压塔处的流量和压力；其余参数意义同调压室边界和阀门边界参数意义。

以上方程与相应管道的特征线方程联立即可得到双向调压塔的边界条件。

3.1.2.11 空气阀

为建立描述空气阀低于大气压进气、高于大气压排气的具体过程的模型，需设立以下假定：

（1）空气等熵地流过空气阀。

（2）管内空气始终留在空气阀附近。

（3）管内空气温度始终不变。

（4）管内空气体积相对于液体体积而言很小，且其体积变化仅取决于其节点液体体积差。

由以上假定可知，要求空气阀安装在管线顶点并被选为计算截面。流过空气阀的空气质量流量 $\mathrm{d}m/\mathrm{d}t$ 取决于管内绝对压力 P、绝对温度 T 以及管外大气绝对压力 P_0、绝对温度 T_0。具体包含以下 4 种情况。

（1）以亚音速流入空气阀：

$$\frac{\mathrm{d}m}{\mathrm{d}t}=C_1A_1\sqrt{7P_0\rho_0\left[\left(\frac{P}{P_0}\right)^{1.4286}-\left(\frac{P}{P_0}\right)^{1.7143}\right]},\quad P_0>P>0.528P_0 \tag{3-65}$$

（2）以临界流速流入空气阀：

$$\frac{\mathrm{d}m}{\mathrm{d}t}=C_1A_1\frac{0.686}{\sqrt{RT_0}}P_0,\quad P\leqslant 0.528P_0 \tag{3-66}$$

（3）以亚音速流出空气阀：

$$\frac{\mathrm{d}m}{\mathrm{d}t}=-C_2A_2\sqrt{\frac{7}{RT}\left[\left(\frac{P_0}{P}\right)^{1.4286}-\left(\frac{P_0}{P}\right)^{1.7143}\right]},\frac{P_0}{0.528}>P>P_0 \tag{3-67}$$

（4）以临界流速流出空气阀：

$$\frac{\mathrm{d}m}{\mathrm{d}t}=-C_2A_2\frac{0.686}{\sqrt{RT}}P,\quad P>\frac{P_0}{0.528} \tag{3-68}$$

式中：A_1、A_2 分别为空气流入、流出时，空气阀的开启面积；C_1、C_2 分别为空气流入、流出时，空气阀的流量系数；ρ_0 为大气密度；R 为气体常数。

且管道内的空气满足气体状态方程：

$$\begin{aligned}&P\{V_0+0.5\Delta t[(Q_i-Q_{pxi})-(Q_{ppi}-Q_{pi})]\}\\&=\{m_0+0.5\Delta t[(\mathrm{d}m/\mathrm{d}t)_0+(\mathrm{d}m/\mathrm{d}t)_i]\}RT_0\end{aligned} \tag{3-69}$$

式中：V_0 为前一时刻的空穴体积；Q_i 和 Q_{pxi} 分别为前一时刻流出和流入空穴的流量；m_0 为前一时刻的空穴质量；$(\mathrm{d}m/\mathrm{d}t)_0$ 和 $(\mathrm{d}m/\mathrm{d}t)_i$ 分别为前一时刻和当前时刻流入或流出空穴的空气质量流量。

以上方程联合连接管段的特征线方程即构成空气阀的边界条件，但若管内无空气，且空气阀也处于关闭状态，则空气阀处边界可按一般管道连接边界处理即可。

3.1.3 瞬变流系统自适应建模原理及方法

由于地形、地质条件以及工程规模等方面的限制，各调水工程的拓扑结构互不相同，并且，同一工程运行中也存在多种工况的比较、分析以及切换，因此，瞬变计算模型需能够适应系统的不同结构、不同工况。

瞬变流计算包括稳态初值计算和瞬变过程动态计算，其中稳态初值计算与系统的结构及布置方案关系很大，严重限制模型的通用性，需解决自适应问题。而动态计算中，虽然系统的管道、明渠、管道间节点、明渠间节点、各水力设施、建筑物在每一时步可以独立计算，但为实现系统建模，还需解决管道、明渠流动联合计算问题以及明满流交替计算矩阵自生成问题。

3.1.3.1　系统稳态初值自适应计算方法

基于流体网络的思想[94]，采用樊红刚提出的虚拟阻抗法[74] 计算稳态，即把管道、水泵等视为阻抗，系统划分为一系列单元，建立单元方程，通过节点相连，进而得到总体方程求解的方法。

1. 单元方程的形成

在系统稳态状态下，调压室、调节池、泄压阀、双向调压塔、空气阀不起作用，可通过系统各管段初值计算出后，用其所在管道节点的初值计算其初值。管道、明渠相当于阻抗，水泵、阀门、闸门也可视为虚拟阻抗。

(1) 管道单元方程。纯管道单元如图 3-5 所示。

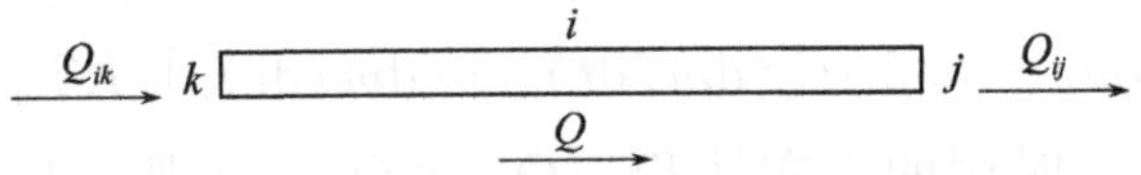

图 3-5　纯管道单元示意图

假设水从 k 流向 j 为正，Q_{ik} 为管道 i 连接于节点 k 的节点流量，Q_{ij} 为管道 i 连接于节点 j 的节点流量，H_k、H_j 分别为节点 k、j 的水头，Q 为管道中的流量，满足以下关系：

$$\Delta H_i = (H_k - H_j) = S_i |Q| Q \tag{3-70}$$

$$Q_{ik} = -Q_{ij} = Q \tag{3-71}$$

式中：S_i 为管道损失系数。

对式 (3-70) 进行泰勒展开，并忽略高阶项，则得：

$$Q=\frac{1}{2S_i|Q_0|}(H_k-H_j)+\frac{Q_0}{2} \tag{3-72}$$

式中：Q_0 为前一时刻管道的流量。

结合式（3-70）和式（3-72）可得管道单元特征方程：

$$\begin{cases}Q_{ik}=K_i(H_k-H_j)+B_i\\Q_{ij}=-K_i(H_k-H_j)-B_i\end{cases} \tag{3-73}$$

式中：单元特征参数 $K_i=\frac{1}{2S_i|Q_0|}$，$B_i=\frac{Q_0}{2}$。

将管道单元特征方程转化为矩阵形式：

$$\boldsymbol{Q}_i=\boldsymbol{K}_i\boldsymbol{H}_i+\boldsymbol{B}_i \tag{3-74}$$

式中：$\boldsymbol{Q}_i=(Q_{ik},Q_{ij})^{\mathrm{T}}$ 为结点流量矢量，$\boldsymbol{H}_i=(H_k,H_j)^{\mathrm{T}}$ 为结点水头矢量，$\boldsymbol{K}_i=K_i\begin{bmatrix}+1&-1\\-1&+1\end{bmatrix}$ 为特征矩阵，$\boldsymbol{B}_i=B_i(1,-1)^{\mathrm{T}}$ 为列向量。

对于管道中包含阀门的情况，将阀门的损失考虑至管道损失中，即

$$S_i'=S_i+\xi \tag{3-75}$$

式中：ξ 为阀门损失系数。其相对于纯管道单元特征方程，仅需将 S_i 替换为 S_i' 即可。

（2）明渠单元。明渠单元特征方程同管道单元特征方程，仅水头损失系数计算不同。由于明渠的水头损失系数与材料、断面形状、水深等有关，计算困难。因此，采用曼宁、谢才公式计算得到其首、尾两端点的损失系数，并取二者的平均值作为该段的总损失系数：

$$S_i=\left(\frac{n_k^2}{A_k^2R_k^{4/3}}+\frac{n_j^2}{A_j^2R_j^{4/3}}\right)\frac{L}{2} \tag{3-76}$$

式中：L 为明渠长度；n_k、n_j 分别为节点 k、j 断面的曼宁粗糙度系数；R_k、R_j 分别为节点 k、j 断面的水力半径；A_k、A_j 分别为节点 k、j 断面的过水断面。

用式(3-76)计算的 S_i 代替式(3-73)中特征参数中的 S_i 即可。

（3）闸门单元。对于闸门单元，其特征方程同管道单元特征方程，仅需将特征参数中的损失系数变为

$$S_i=\xi \tag{3-77}$$

式中：ξ 为闸门的水头损失系数。

由于明渠中断面形状、水力半径与水深有关，因此需要迭代计算。

(4) 水泵单元。水泵进出水侧两端的水头平衡方程为

$$H_{PS}-H_{PU}=-H(Q) \tag{3-78}$$

对式 (3-78) 进行泰勒展开，并忽略高阶项可得：

$$Q=-\frac{1}{H'(Q_0)}(H_{PS}-H_{PU})+\frac{H'(Q_0)Q_0-H(Q_0)}{H'(Q_0)} \tag{3-79}$$

取单元特征参数：

$$K_i=-\frac{1}{H'(Q_0)} \tag{3-80}$$

$$B_i=\frac{H'(Q_0)Q_0-H(Q_0)}{H'(Q_0)} \tag{3-81}$$

用式 (3-80) 和式 (3-81) 代替式 (3-73) 中的单元特征参数，即得到水泵单元特征方程。

式中：$H(Q)$为水泵扬程和 $H'(Q)$为扬程对流量的导数；其余参数同水泵边界里的参数。

2. 总体方程组的形成

流体网络中，任一节点都满足连续方程，即

$$\sum_{i=1}^{N}Q_{im}=C_m \tag{3-82}$$

式中：$\sum$ 为对节点 m 有贡献的所有 N 个单元求和；Q_{im} 为作用于节点 m 的单元 i 的节点流量；C_m 为输入节点 m 的流量。

由各节点的流量连续方程可将各单元的能量平衡方程合并成总体方程组，即

$$\boldsymbol{KH}=\boldsymbol{C} \tag{3-83}$$

式中：$\boldsymbol{K}$ 为流体网络特征矩阵，由 K_i 叠加至(k,k)，(j,j)位置，$-K_i$ 叠加至(k,j)，(j,k)位置上构成；$\boldsymbol{H}$ 为流体网络水头矢量，由流体网络各节点的水头组成；$\boldsymbol{C}$ 为流体网络的输入矢量，由 B_i 叠加到矢量 j 的位置上，$-B_i$ 叠加在矢量 k 的位置上，再加各节点处的输

入流量构成。

鉴于单元 i 只对 j、k 两结点有影响，因此，形成的流体网络特征矩阵为带状对称稀疏矩阵。

3. 流体网络总体方程组求解

对于流体网络总体方程组，还须补充适当的边界条件才能求解。对任一节点 m 有两种可能的边界条件，即规定节点输入 C_m 或者规定水头值 H_m，但在管网计算时，为了求解方程组，节点边界条件必须至少规定一个水头值已知。此外，对于包含水泵的流体网络，需使用流量特性曲线 $WH \sim x$ 插值计算得到水泵单元的单元特征参数，后根据流体网络计算步骤进行，计算中先给定各单元初始流量，通过迭代计算，使得前后两次的流量计算值相差在给定误差范围内，以求解非线性方程组[74,88]。

特别地，对于包含明渠的系统，在建立明渠单元方程时以其首尾两端点的损失系数平均值作为明渠的总损失系数，单元方程的形成有一定近似性，可采用动态计算得到稳态的思想，即利用动态方法计算一段时间，得到稳定后的稳态值作为系统的精确稳态值。

3.1.3.2 系统管道、明渠流动联合计算处理方法

由于有压管流与无压明渠流动波速的差异以及特征线法需满足的库朗稳定条件的限制，有压管流的计算步长 Δt_c 一般为无压明渠流动的计算步长 Δt_0 的几十甚至上百分之一。因此，对于同时包含有压管流和无压明渠流动的调水系统，为避免在处理明渠与管道流交界处的衔接问题时计算量太大无法实现或明渠分段过细产生累积误差而影响计算精度，可将其衔接问题从计算时步上转化到空间延伸。

假设有压管流、无压明渠流动的时间步长满足关系 $\Delta t_0 = N\Delta t_c$，且对应于时间步长的空间步长分别为 Δx_c 与 Δx_0，其中 N 为整数。为保障明渠与管道的衔接，如图 3－6 所示，可将连接管道的明渠断面附近 Δx_0 的长的空间细分为 $\Delta x_0/N$，进而使得该段依据库朗稳定条件得到的时间步长缩小为原来的 $1/N$，实现与管道的 Δt_c 相匹配。

图 3－6 中，实线表示原划分的空间、时间步长，虚线表示明渠段为与管道计算步长相匹配，在连接断面附近重新划分的空间、时间步

长，斜线表示特征线。重新划分的空间点在不同时刻的 H、Q 值可由原划分时间层上连接断面 0 及相邻断面 1、断面 2 上的 H、Q 二次插值得到。具体插值过程为：第 N 时步的连接断面的 H、Q 利用 $N-1$ 时步上的连接断面点及其附近 2 个断面的值采用二次插值得到；$N-1$ 时步的 3 个断面则利用 $N-2$ 时步的 4 个断面上的值采用二次插值得到；依此类推，N 时步连接断面的 H、Q 值需由 0 时步上的 $N+2$ 个断面定出，而这 $N+2$ 个断面的值又需原空间划分节点 0，1，2 二次插值得到。

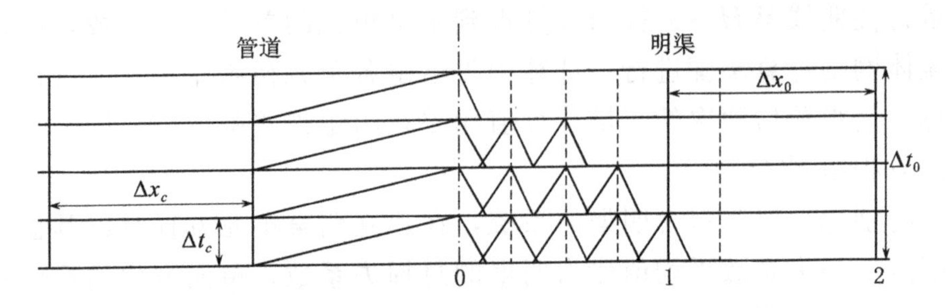

图 3-6　无压明渠流动与有压管道流动连接模型示意图

对于明满流交替，由于其采用的特征隐式格式法对步长的划分要求不严格，且实际运行中原则上不允许出现明满流交替，因此，其计算长度不会很长，可采用跟有压管流相同的时间步长。

3.1.3.3 明满流交替稀疏矩阵自生成方法

对于可能出现明满流交替的明渠段采用特征隐式格式法计算，得到的方程组为

$$\boldsymbol{A}\boldsymbol{x}=\boldsymbol{B} \tag{3-84}$$

式中：$x=[h_{11},Q_{11},h_{12},Q_{12},\cdots,h_{1M_1},Q_{1M_1},h_{21},Q_{21},\cdots,h_{NM_N},Q_{NM_N}]$；$\boldsymbol{A}$ 和 $\boldsymbol{B}$ 为系数矩阵，M_i、h_{ij}、Q_{ij} 分别表示第 i 段明渠的分段节点数、水深、流量，N 为可能出现明满交替的明渠段。

对于系数矩阵，其非 0 位置的值可通过不同内部边界及外部边界确定[74]。

1. 内部边界

对于第 i 段明渠的第 j 个点，该点前的计算节点数 ni 可通过式

(3-85) 确定：

$$ni = 2\sum_{k=1}^{i-1} M_k + 2(j-1) \tag{3-85}$$

(1) 若 $1<j<M_i$，即该点为明渠内部节点，则：

$$\begin{cases} a(ni+1, ni-1) = a_1 \\ a(ni+1, ni) = b_1 \\ a(ni+1, ni+1) = c_1 \\ a(ni+1, ni+2) = d_1 \\ b(ni+1) = e_1 \end{cases}, \quad \begin{cases} a(ni+2, ni+1) = a_2 \\ a(ni+2, ni+2) = b_2 \\ a(ni+2, ni+3) = c_2 \\ a(ni+2, ni+4) = d_2 \\ b(ni+2) = e_2 \end{cases} \tag{3-86}$$

(2) 若 $j=1$，即该点为明渠首端点，只包含逆特征线方程，则：

$$\begin{cases} a(ni+2, ni+1) = a_2 \\ a(ni+2, ni+2) = b_2 \\ a(ni+2, ni+3) = c_2 \\ a(ni+2, ni+4) = d_2 \\ b(ni+2) = e_2 \end{cases} \tag{3-87}$$

(3) 若 $j=M_i$，即该点为明渠末端点，只包含顺特征线方程，则：

$$\begin{cases} a(ni+1, ni-1) = a_1 \\ a(ni+1, ni) = b_1 \\ a(ni+1, ni+1) = c_1 \\ a(ni+1, ni+2) = d_1 \\ b(ni+1) = e_1 \end{cases} \tag{3-88}$$

2. 外部边界

(1) 定水位边界：对于上、下游定水位边界，其边界条件对应的系数值分别为

$$\begin{cases} a(ni+1, ni+1) = 1 \\ b(ni+1) = H_C \end{cases} \tag{3-89}$$

$$\begin{cases} a(ni+2, ni+1) = 1 \\ b(ni+2) = H_C \end{cases} \tag{3-90}$$

(2) 定流量边界：对于上、下游定流量边界，其边界条件对应的系数值分别为

$$\begin{cases} a(ni+1,ni+2)=1 \\ b(ni+1)=Q_C \end{cases} \tag{3-91}$$

$$\begin{cases} a(ni+2,ni+2)=1 \\ b(ni+2)=Q_C \end{cases} \tag{3-92}$$

式中：Q_C 为定流量值。

(3) 明渠连接边界：以两段明渠连接为例，由于连接点具有相同的流量、水深，因此，其边界条件对应的系数值分别为

$$\begin{cases} a(ni+2,ni+2)=1 \\ a(ni+2,nk+2)=-1 \\ b(ni+2)=0 \\ a(nk+1,nk+1)=-1 \\ a(nk+1,ni+1)=1 \\ b(nk+1)=z_{k,1}-z_{i,M_i} \end{cases} \tag{3-93}$$

式中：z_{i,M_i}、$z_{k,1}$ 分别表示前一段明渠（第 i 段）末端点和后一段明渠（第 k 段）首端点的底高程。

(4) 明渠和管道连接边界：以单管和单明渠连接为例，对于管道在前，连接管道末端点的顺特征线方程可转化为式（3－94），其对应的系数值分别为式（3－95）。

$$\frac{1}{B}h_{i,1}+Q_{i,1}=\frac{C_P-z_{i,1}}{B} \tag{3-94}$$

$$\begin{cases} a(ni+1,ni+1)=\dfrac{1}{B} \\ a(ni+1,ni+2)=1 \\ b(ni+1)=\dfrac{C_P-z_{i,1}}{B} \end{cases} \tag{3-95}$$

对于明渠在前，连接管道的首端点逆特征线方程可转化为式（3－96），其对应的系数值分别为式（3－97）：

$$\frac{1}{B}h_{i,M_i}-Q_{i,M_i}=\frac{C_M-z_{i,M_i}}{B} \tag{3-96}$$

$$\begin{cases}a(ni+2,ni+1)=\dfrac{1}{B}\\a(ni+2,ni+2)=-1\\b(ni+2)=\dfrac{C_M-z_{i,M_i}}{B}\end{cases}\tag{3-97}$$

由于计算中得到的系数矩阵为稀疏矩阵，因此，按照稀疏矩阵求解。

3.1.4 系统瞬变流计算流程

系统瞬变流计算全过程流程图如图3-7所示。

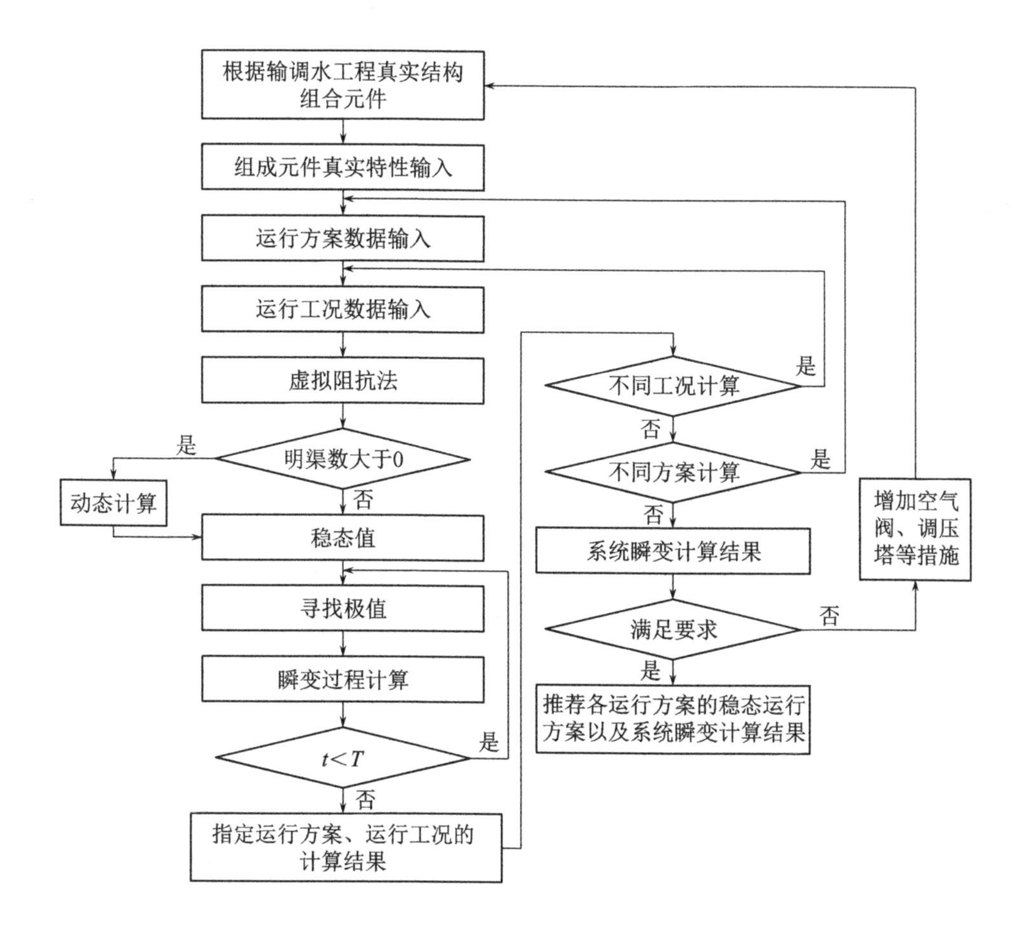

图3-7 系统瞬变流计算全过程流程图

3.2 实 例 研 究

3.2.1 工程概况

某管渠结合的梯级泵站调水工程包含泵站、有压管道、有压隧洞、有压暗渠、无压隧洞、高位水池、无压调节池、泄压阀、双向调压塔和空气阀等建筑物与水力设施，全长约90.5km，其平面布置如图3-8所示，纵剖面图如图3-9所示。

第一级泵站安装4台离心泵，3用1备，水泵特性曲线如图3-10(a)所示。泵站设计流量5.5m^3/s，站前前池设计水位30.68m，泵站设一根DN2000mm输水总管道，并安装2台直径DN500mm泄压阀。第二级泵站安装4台离心泵，3用1备，水泵特性曲线如图3-10(b)所示。泵站设计流量4.8m^3/s，泵站前池设计水位9.2m、最高水位10.7m、最低水位7.7m。泵站设一根DN1800mm输水总管道，并安装2台直径DN500mm泄压阀。

第一级泵站—第二级泵站调水段设计流量5.5～4.8m^3/s。在桩号4+708.4处设无压高位水池1座，高位水池上游采用加压输水、下游采用有压重力输水。高位水池尺寸为20m×10m（长×宽），底板高程83.0m，最高水位93.5m，设计水位87.53m，最低水位86.8m，进出管道管中心高程85.6m，池顶高程94.1m。桩号34+240～36+290为有压隧洞，断面为圆形，洞径为2.6m，进出口接管点处管中心高程分别为50.59m、50.385m，比降为1/10000。有压隧洞出口设置无压调节水池，设计水位61.0m，最低水位59.2m，最高水位65.0m，溢流水位65.0m。在桩号45+615设有一座分水口，输水管道分水口前、后设计流量分别为5.5m^3/s、4.8m^3/s。桩号62+607～64+799为无压隧洞1。无压隧洞1设计断面为2.4m×1.9m（宽×高）加半圆拱，进出口管中心高程分别为39.7m、37.3m，比降为1/1000，进、出口分别设竖井通至地面。其余段为有压管道，管径为2200mm。沿线共设阀门井23座、泄压阀门井2座、调压阀门井2座、分水阀门

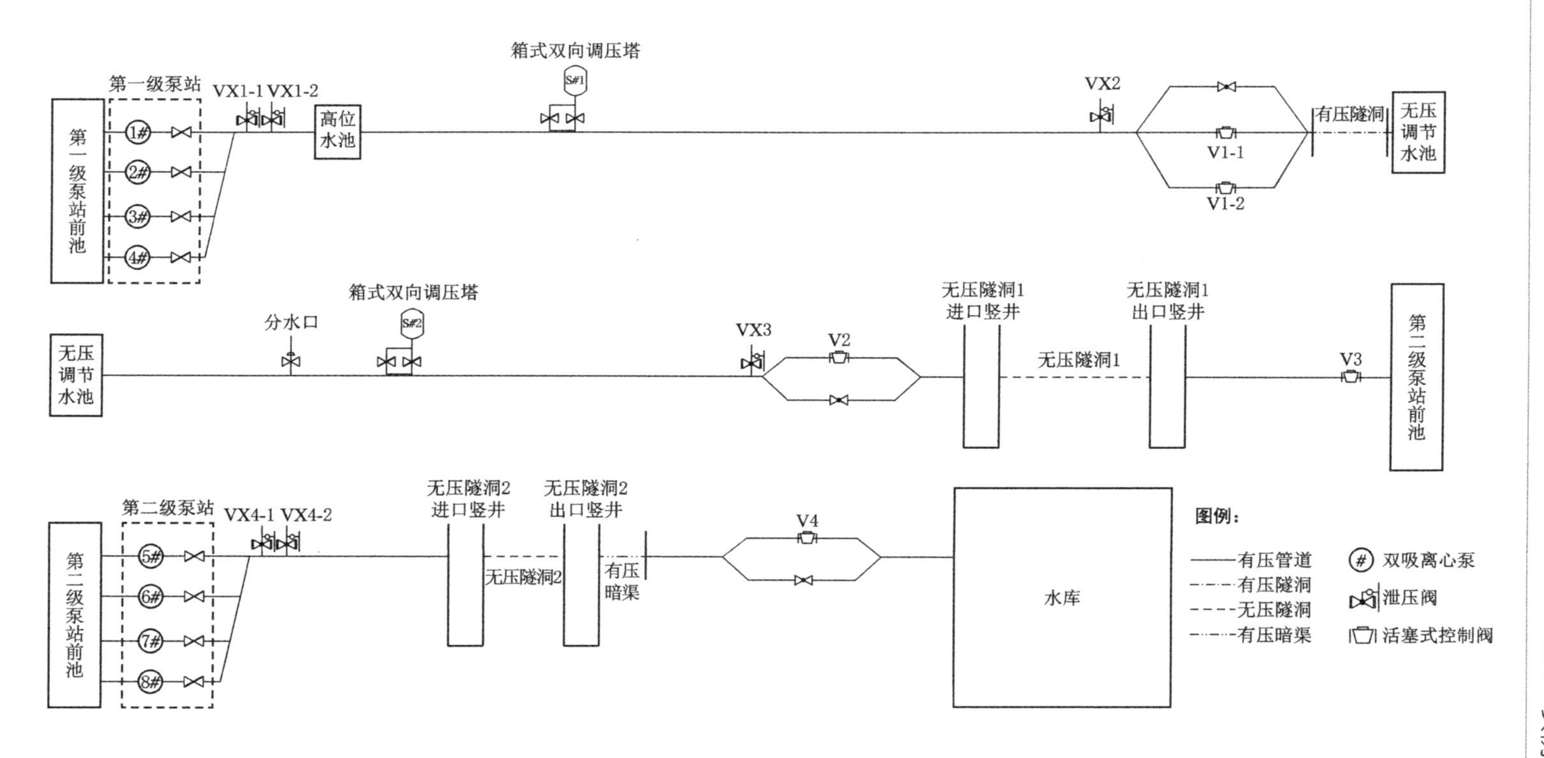

图 3－8 某管渠结合的梯级泵站调水工程平面布置示意图

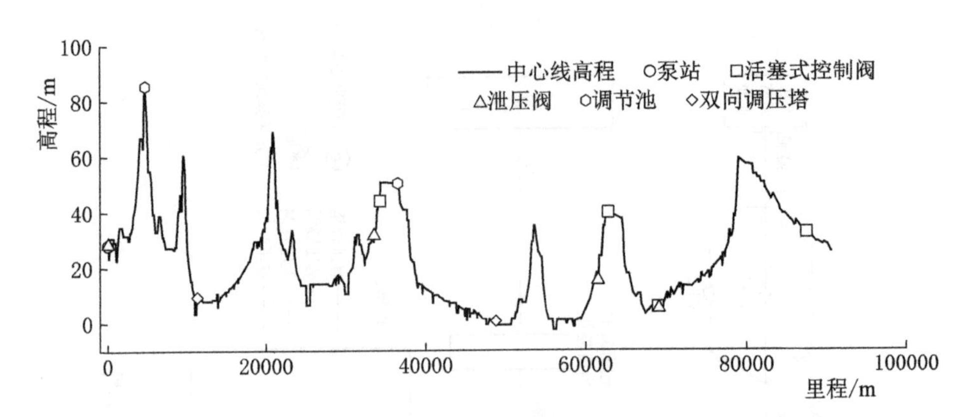

图 3-9 某管渠结合的梯级泵站调水工程纵剖面图

井 1 座、消力阀门井 1 座、排气井 71 座、排水井 23 座。

第二级泵站—水库调水段设计流量 4.8m^3/s，桩号 79+355～80+606 为无压隧洞 2，设计断面 2.4m×1.9m（宽×高）加半圆拱，进出口底高程分别为 58.0m、56.965m，比降为 1/1500，进、出口分别设竖井通至地面，出口接暗渠。暗渠为有压暗渠，全长 324.6m，设计过水断面 1.6m×2.0m（宽×高），进出口底高程分别为 56.065m、

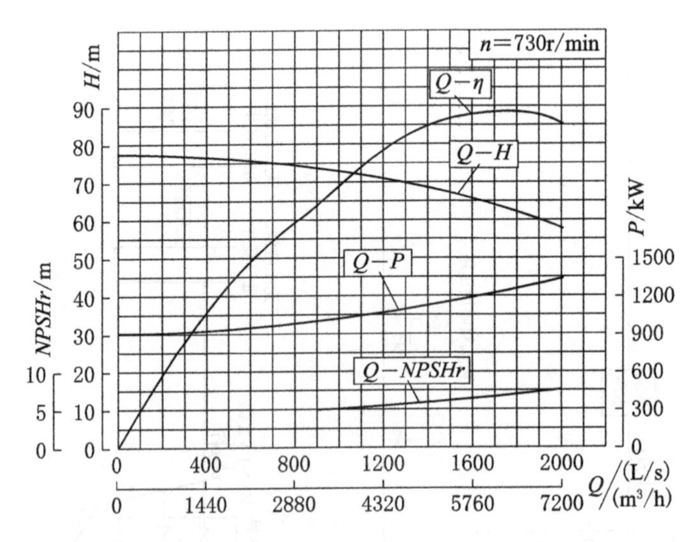

(a) 第一级泵站水泵特性曲线

图 3-10（一） 水泵特性曲线

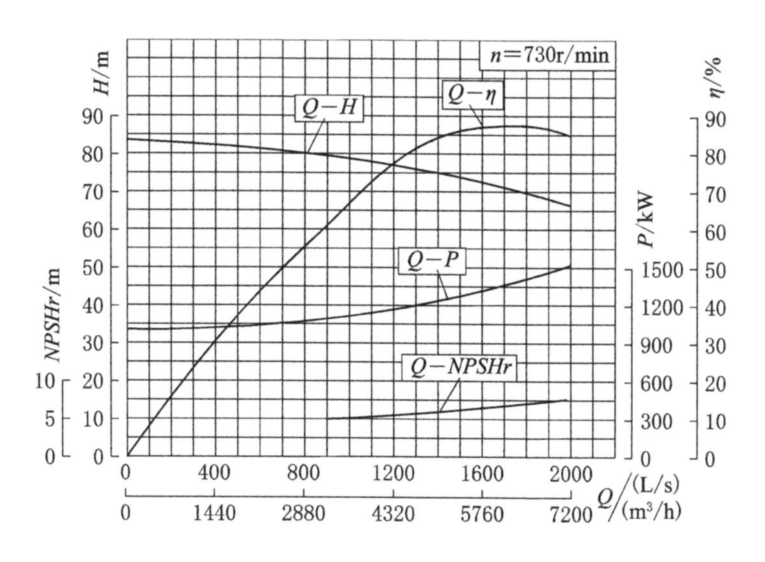

(b) 第二级泵站水泵特性曲线

图 3-10（二） 水泵特性曲线

55.945m，比降为 1/2700。其余段为有压管道，管径为 1800mm。沿线共设阀门井 7 座，排气井 24 座、排水井 2 座和挡水闸 1 座。

其中，限速启闭的 V1～V4 活塞式控制阀的特性曲线如图 3-11 所示。

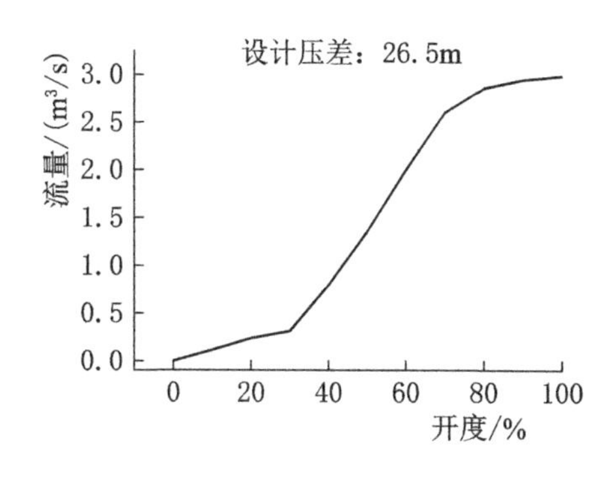

(a) V1-1（或 V1-2）活塞式控制阀
流量一开度曲线

设计压差：19.43m
流量/(m³/s)
5.0 4.5 4.0 3.5 3.0 2.5 2.0 1.5 1.0 0.5 0.0
0 20 40 60 80 100
开度/%

(b) V2 活塞式控制阀
流量一开度曲线

图 3-11（一） V1～V4 活塞式控制阀的特性曲线

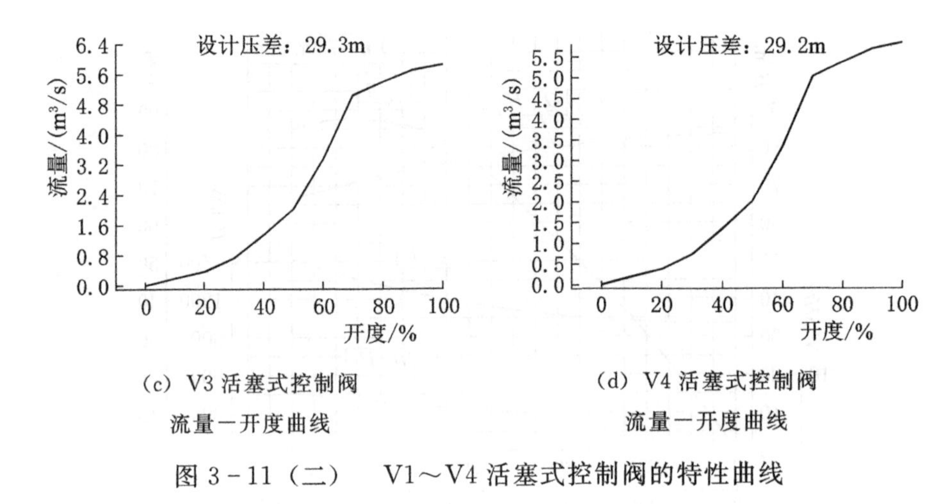

(c) V3 活塞式控制阀流量一开度曲线

(d) V4 活塞式控制阀流量一开度曲线

图 3-11（二） V1～V4 活塞式控制阀的特性曲线

3.2.2 系统水力瞬变过程分析及水锤防护措施优化

结合工程实际，以设计工况调水为初始工况，研究了水泵正常启停、事故停机以及分水口需求变化等工况系统的瞬变特性，并进一步给出系统的水锤防护措施，具体工况的设置如下：

D1：第一级泵站事故停机，阀门拒动；

D2：第二级泵站事故停机，阀门拒动；

D3：第一级泵站事故停机，阀门 15s 快关 80%，60s 全关；

D4：第二级泵站事故停机，阀门 35s 快关 80%，90s 全关；

D5：第一、二级泵站同时事故停机，阀门拒动；

D6：第一、二级泵同时事故停机，阀门关闭；

D7：分水口需水量从 0.7 变为 0；

D8：V1-1 和 V1-2 活塞式控制阀关闭；

D9：V2 活塞式控制阀关闭；

D10：V3 活塞式控制阀关闭；

D11：V4 活塞式控制阀关闭。

3.2.2.1 稳态计算结果

以第一级泵站前池设计水位、水库设计水位及设计工况流量为边界进行稳态计算，计算结果见表 3-1，沿线稳态包络线见图 3-12。

表 3-1　　稳态计算结果表

项　　目	数值	项　　目	数值
第一级泵站 1 号机组调频	1	第一级泵站 2 号、3 号机组调频	0.99
第一级泵站 1 号机组流量/(m^3/s)	1.92	第一级泵站 2 号、3 号机组流量/(m^3/s)	1.79
第一级泵站 1 号机组扬程/m	65.56	第一级泵站 2 号、3 号机组扬程/m	65.56
第二级泵站 1 号、2 号机组调频	1	第二级泵站 3 号机组调频	0.96
第二级泵站 1 号、2 号机组流量/(m^3/s)	1.69	第二级泵站 3 号机组流量/(m^3/s)	1.42
第二级泵站 1 号、2 号机组扬程/m	72.22	第二级泵站 3 号机组扬程/m	72.22
高位水池水位/m	87.33	V1-1、V1-2 活塞式阀开度数/(°)	23.52
无压调节池水位/m	60.96	V2 活塞式阀开度数/(°)	29.37
无压隧洞 1 入口水位/m	41.60	V3 活塞式阀开度数/(°)	28.73
无压隧洞 1 出口水位/m	39.40	V4 活塞式阀开度数/(°)	29.13
第二级泵站前池水位/m	9.32	分水口前流量/(m^3/s)	5.5
无压隧洞 2 入口水位/m	59.78	分水口流量/(m^3/s)	0.7
无压隧洞 2 出口水位/m	59.30	分水口后流量/(m^3/s)	4.8

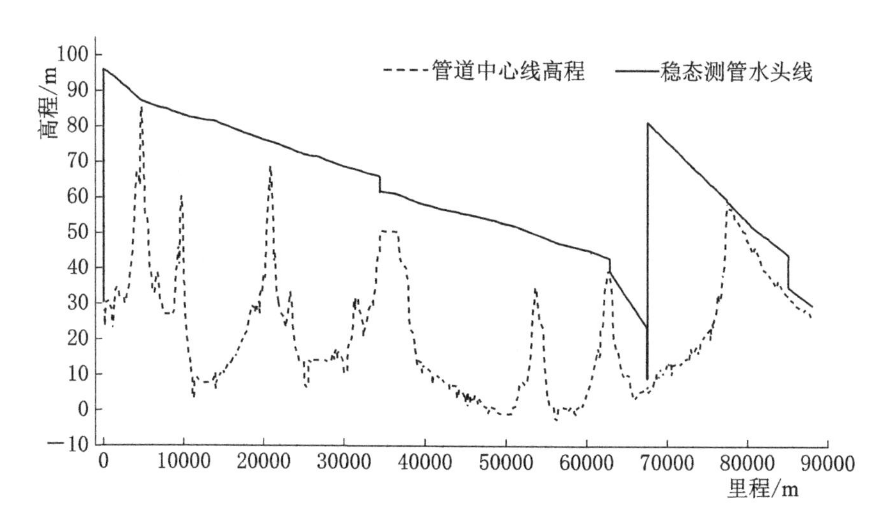

图 3-12　稳态水头线

3.2.2.2 瞬变过程计算结果及分析

在上述条件下，不同工况瞬变流计算结果见表 3 - 2。

由表 3 - 2 可知，对于 D1 工况，第一级泵站事故停机、阀门拒动，其控制断面为高位水池，高位水池约 82s 漏空。高位水池漏空前，无压调节池变化极小，水位下降约 0.01m，系统下游段无压隧洞 1 入口断面等均未反应。系统最大压力出现在桩号约 11＋090 的位置，满足安全运行需求，系统最小压力为－23.216m，出现在第一级泵站后约 3.87km 的位置，不满足安全运行需求，需进一步研究以负压为主的水锤防护措施。具体该工况的极值包络线如图 3 - 13 所示。特别地，由于高位水池漏空前，无压调节池后水锤影响甚微，故极值包络线只展示第一级泵站至无压调节池段。而从图 3 - 13 进一步可知，对于第一级泵站事故停机工况的负压水锤防护措施研究，只需以第一级泵站至高位水池段研究即可。

对于 D2 工况，第二级泵站事故停机、阀门拒动，其控制断面为无压隧洞 2 入口断面和第二级泵站前池。由于第二级泵站前池具有一定的调蓄能力，其于 994s 后达到最高水位；而无压隧洞 2 入口竖井处，由于后续连接无压隧洞 2，而明流调蓄具有明显的滞后性，因此，无压隧洞 2 入口处约 172s 接近漏底。因此，后续调控应优先关注第二级泵站出口至无压隧洞 2 入口段。系统最大压力出现在桩号约 11＋090 的位置，满足安全运行需求，系统最小压力为－12.051m，出现在距离无压隧洞 2 入口约 52m 处，不满足安全运行需求，仍需进一步研究以负压为主的水锤防护措施。具体该工况的极值包络线如图 3 - 14 所示。其中，由于第二级事故停机、阀门拒动工况下，无压隧洞 1 上游水锤影响甚微，故极值包络线只展示无压隧洞 1 出口至水库段。且从极值包络线图进一步可知，对于第二级泵站事故停机工况的负压水锤防护措施研究，只需以第二级泵站至无压隧洞 2 入口段研究即可。

对于 D3 工况，第一级泵站事故停机，阀门 15s 快关 80％，60s 全关，其控制断面为高位水池，高位水池约 100s 漏空。同 D1 工况，由于高位水池漏空前，高位水池后的影响甚微，极值包络线只展示第一

表 3-2　　不同工况设置下水力瞬变计算结果表

工况	最大压力/m	最小压力/m	最大倒转速/(r/min)	高位水池	无压调节池	无压隧洞1入口	无压隧洞1出口	第二级泵站前池	无压隧洞2入口	无压隧洞2出口
D1	79.174	−23.216	−1.061	82s漏空	流量、水位变化滞后32s，水位下降0.01m	—	—	—	—	—
D2	79.186	−12.051	−0.923	流量、水位变化滞后1710s，事故停机4000s水位上升0.01m	流量、水位变化滞后997s，事故停机4000s水位上升0.01m	流量、水位变化滞后962s，事故停机4000s水位上升0.02m	流量、水位变化滞后5s，事故停机4000s水位上升0.31m	994s达到最高水位	约36s开始倒流，约172s接近漏底	流量、水位变化滞后143s，事故停机4000s未漏底
D3	86.602	−23.202	−1.040	100s漏空	水位下降0.01m	—	—	—	—	—
D4	87.496	−12.051	−0.872	事故停机4000s水位上升0.001m	事故停机4000s水位上升0.004m	事故停机4000s水位上升0.02m	流量、水位变化滞后5s，事故停机4000s水位上升0.26m	1479s达最高水位	约36s开始倒流，约1474s漏空	水位、流量变化滞后143s，约4000s漏空
D7	80.402	0.000	—	水位上升，约7000s达到平衡，平衡后水位为88.29m	水位上升，约5500s达到平衡，平衡后水位为63.30m	水位10000s未达到满流	水位上升，约7135s达到满流	10000s水位上升约0.11m	10000s水位上升约0.03m	10000s水位上升约0.05m

续表

工况	最大压力/m	最小压力/m	最大倒转速/(r/min)	高位水池	无压调节池	无压隧洞1入口	无压隧洞1出口	第二级泵站前池	无压隧洞2入口	无压隧洞2出口
D8	—	—	—	流量、水位变化滞后25s，697s高位水池溢流	约496s达到最低运行水位，874s漏空，V1-1和V1-2完全关闭前已漏空	流量、水位变化滞后32s，流量水位下降约0.105m	水位下降约0.1 m	—	—	—
D9	—	—	—	水位上升，V2完全关闭前未达到最高水位	水位上升，V2完全关闭前未达到最高水位	V2完全关闭前未漏底	V2完全关闭前未漏底	V2完全关闭前水位下降约0.05m	—	—
D10	79.426	−1.533	—	4000s内水位上升约0.177m	4000s内水位上升约0.533m	1127s隧洞由明流变为满流	约510s隧洞由明流变为满流	1742s达到最低水位	4000s水位约下降0.1m	4000s水位约下降0.1m
D11	80.132	0.000	—	—	—	—	4000s内水位上升约0.01m	4000s内水位上升约0.274m	约895s由明流变为满流	约672s由明流变为满流

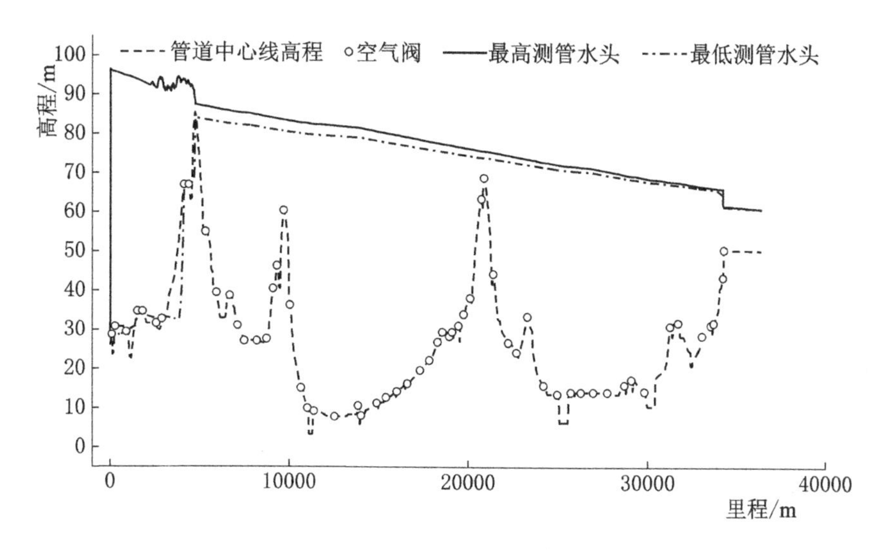

图 3-13 第一级泵站事故停机，阀门拒动工况极值包络线

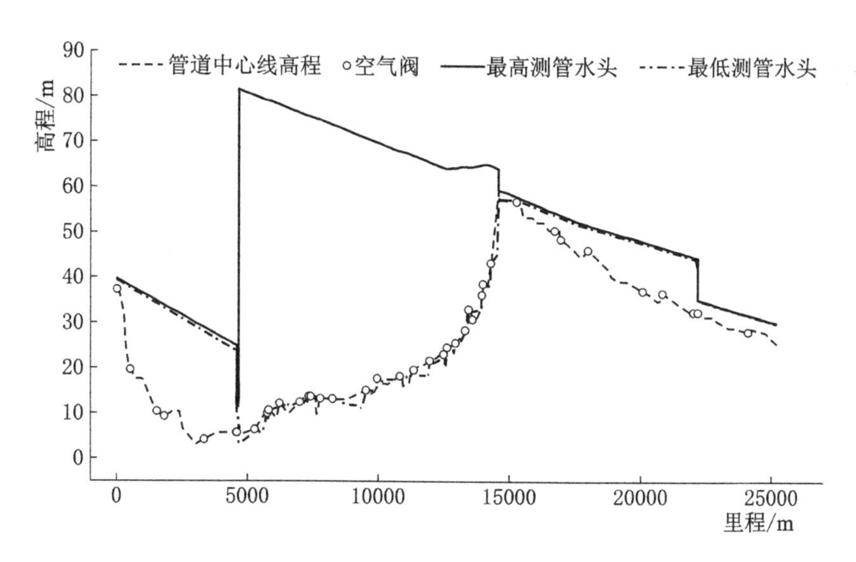

图 3-14 第二级泵站事故停机、阀门拒动工况极值包络线

级泵站至高位水池段。系统最大压力出现在第一级泵站出口接管点后约 130m，由于泄压阀的作用，在高位水池漏空前满足要求，具体泄压阀的泄压过程如图 3-15 所示，但最小压力同 D1 工况，在事故停机后约 3.8s 出现在第一级泵站后约 3.87km 的位置。

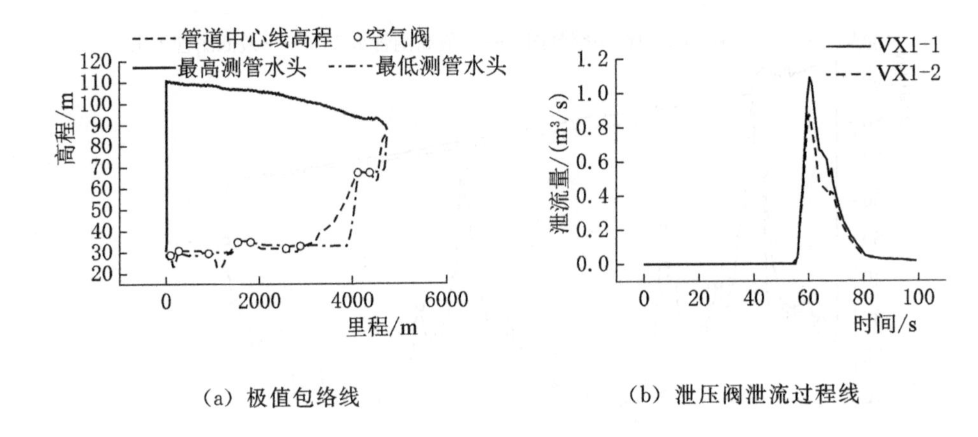

(a) 极值包络线　　(b) 泄压阀泄流过程线

图 3-15　第一级泵站事故停机、阀门关闭泄压过程

对于工况 D4，第二级泵站事故停机，阀门 35s 快关 80%，90s 全关，其控制断面为无压隧洞 2 入口断面和第二级泵站前池。同 D2 工况，由于第二级泵站前池前及无压隧洞 2 后的影响甚微，极值包络线只展示第二级泵站至无压隧洞 2 入口段。系统最大压力出现在第二级泵站接管点后约 20m 的位置，由于泄压阀的作用，满足安全运行的要求，具体泄压阀的泄压过程如图 3-16 所示，但最小压力同 D2 工况，出现在第二级泵站事故停机后约 8.4s、距离无压隧洞 2 入口约 52m 处。

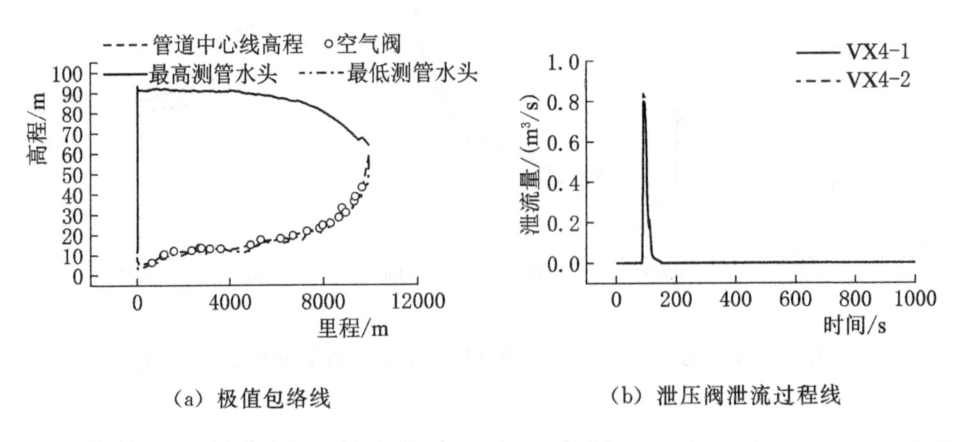

(a) 极值包络线　　(b) 泄压阀泄流过程线

图 3-16　第二级泵站事故停机、阀门关闭泄压过程

对于工况 D5、D6，由于以无压隧洞 1 入口为界，第一级泵站事故停机对无压隧洞 1 入口下游影响甚微，第二级泵站事故停机对无压

隧洞 1 上游影响甚微，故工况 D5 基本为工况 D1 和 D2 的简单组合，即控制断面为高位水池和无压隧洞 2 入口断面；工况 D6 基本为工况 D3 和 D4 的简单组合，即主要控制断面为高位水池，第二级泵站前后控制断面无压隧洞 2 入口及第二级泵站前池均有约 24min 的响应时间。

对于工况 D7，由于分水口流量较小，因此对于系统的影响相对较小、较慢，其控制断面为无压隧洞 1 出口断面，约 7135s 由明流变为满流。

对于工况 D8，V1－1、V1－2 关闭，控制断面为无压调节池和高位水池，无压调节池 496s 水位降至最低运行水位，874s 漏空，高位水池 697s 溢流，在无压调节池漏空前对于无压隧洞 1 后的影响甚微。但 V1－1、V1－2 关闭，系统响应时间极短，需与 V2 及第一级泵站水泵等联合调控。

对于工况 D9，V2 关闭，若第一级泵站机组未停机且 V1－1、V1－2 阀未动作，无压调节池至 V2 阀段来流大于出流，约 843s 达到了 V2 阀前泄压阀的泄压压力，泄压阀开始泄压。此时，高位水池与无压隧洞 1 出口变化甚微，而无压调节池及无压隧洞 1 入口断面水位变化较为明显。该工况控制断面为无压调节池以及无压隧洞 1 入口，但为防止泄压阀持续泄流，应在响应时间内与 V1－1、V1－2 阀、第一级泵站水泵等联合调控。

对于工况 D10，V3 关闭，控制断面为无压隧洞 1 出口，约 510s 由明流变为满流，需优先调控 V2 并关闭第二级泵站机组。

对于工况 D11，V4 关闭，控制断面为无压隧洞 2 出口，约 672s 由明流变为满流，需同步关闭第二级泵站机组。

3.2.2.3 水锤防护措施分析及优化

1. 系统原设泄压阀水锤防护效果分析

泄压阀作为调水工程水锤防护措施的一种，其主要是在瞬变过程中泄走一部分高压水，进而达到减弱增压、保护管道的目的。为了分析泄压阀在该实例中的防护效果，本小节分析了第一级泵站及第二级泵站事故停机、阀门关闭工况下（D3/D4），泄压阀不工作时的水力瞬变过程，计算结果见表 3-3。

表 3-3　第一级、第二级泵站事故停机、阀门关闭工况下，无泄压阀时水力瞬变计算结果表

工　况	D3	D4
最大压力/m	160.44	163.18
最小压力/m	−23.20	−27.79
最大相对倒转速	−1.04	−0.87
高位水池	100s 漏空	事故停机后 4000s 水位上升 0.001m
无压调节池	水位下降 0.01m	事故停机后 4000s 水位上升 0.004m
无压隧洞 1 入口	—	事故停机后 4000s 水位上升 0.02m
无压隧洞 1 出口	—	流量、水位变化滞后 5s，事故停机后 4000s 水位上升 0.26m
第二级泵站前池	—	1479s 达到最高水位，开始溢流
无压隧洞 2 入口	—	约 36s 倒流，约 1474s 漏空
无压隧洞 2 出口	—	水位、流量变化滞后 143s，约 4000s 漏空

由表 3-2 和表 3-3 对比可知，对于 D3 工况，泄压阀对系统最小压力没有影响，系统最大压力降低了 46%；对于 D4 工况，泄压阀对系统最大、最小压力均有影响，系统最大压力降低了 46.4%，系统最小压力增大了 56.6%，具体系统极值包络线对比图如图 3-17 所示。

对比 D3、D4 工况在有、无泄压阀情况下，系统最大压力出现位置基本不变，但安装泄压阀后，系统最大压力满足安全运行要求；系统最小压力在 D4 工况下发生了变化，由在有泄压阀情况下的无压隧洞 2 入口前变为无泄压阀情况下的第二级泵站后，发生时间由约 8.4s 变为 106.4s，由此可说明泄压阀在调水系统的水锤防护中有很好的降低管道超压的作用，且对于出现在泄压阀安装附近管段的系统最小压力也有较好的升压作用。但由于在有泄压阀的情况下，系统最小压力仍然无法满足安全运行要求，还需进一步研究减小负压的水锤防护措施。根据第一级泵站和第二级泵站事故停机、阀门关闭情况下的系统最小压力出现位置及最小压力沿程包络线，针对第一级泵站事故停

机、阀门关闭工况，需进一步考虑水锤防护的工程措施，如增加空气阀等。而针对第二级泵站事故停机、阀门关闭工况，可优先考虑泵后阀关闭规律优化等非工程措施，进而考虑水锤防护的工程措施。

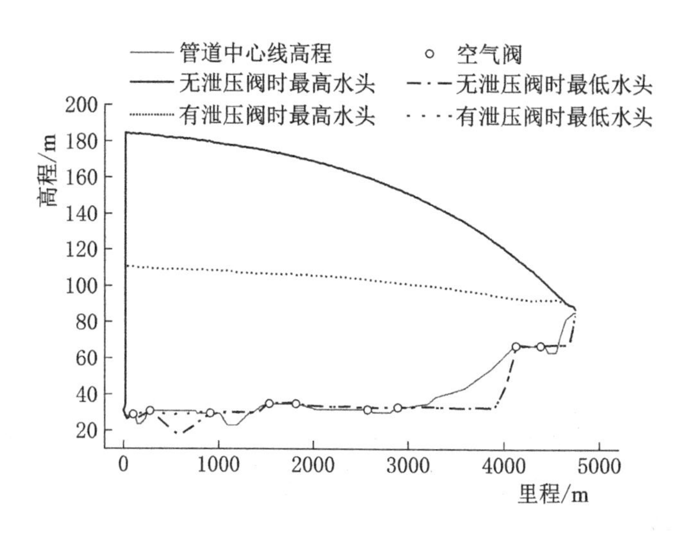

(a) 第一级泵站事故停机、阀门关闭

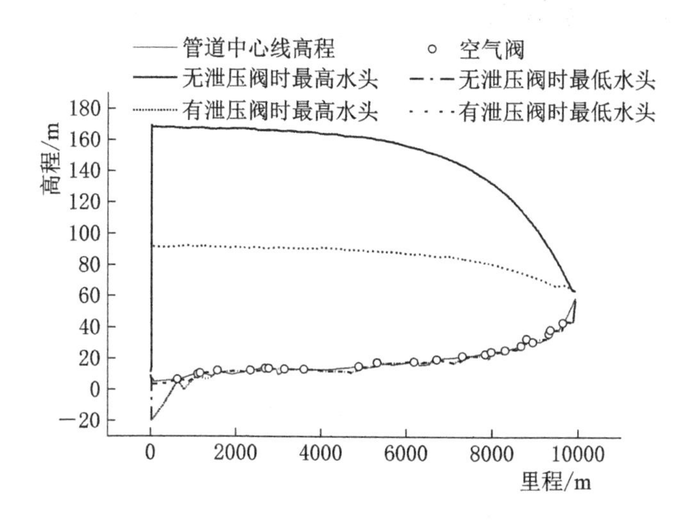

(b) 第二级泵站事故停机、阀门关闭

图 3-17 有、无泄压阀极值包络线对比图

2. 增设空气阀水锤防护分析

由于第一级、第二级泵站事故停机致使沿线分别在 3.8s 和 8.5s 出现了较大的负压，会产生严重的断流弥合水锤，威胁系统的安全运行，因此考虑在管线中增设空气阀。

对于第一级泵站事故停机、阀门拒动工况，通过不断在计算的最小压力处增加空气阀，直至满足设计需求，得到需在第一级泵站出口接管点后约 3245m、3325m、3405m、3544m、3684m、3853m、3953m、3993m、4041m、4544m、4585m、4636m 增加空气阀，增加空气阀后最小压力为－3.64m。第一级泵站出口至高位水池段原有空气阀与新增空气阀在纵剖面中的位置以及增加空气阀前、后的极值包络线如图 3－18 所示。

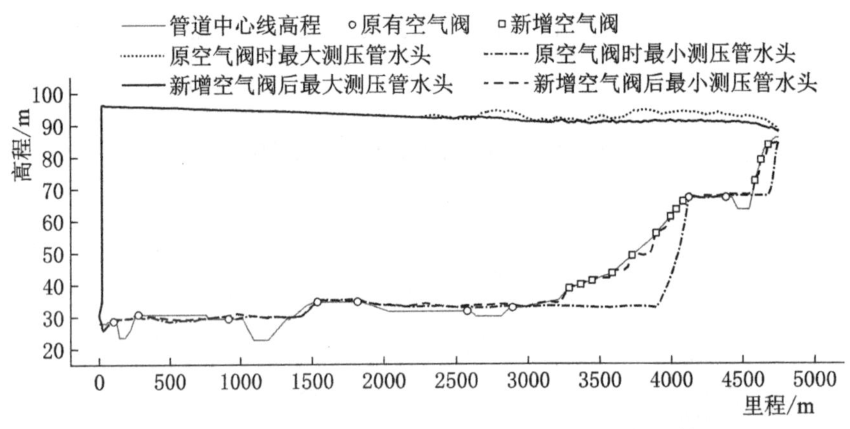

图 3－18　增加空气阀前、后，第一级泵站事故停机，阀门拒动工况下极值包络线图

同理，对于第二级泵站事故停机、阀门拒动工况，经计算，需在第二级泵站出口接管点约 9723m、9761m、9793m、9831m 处添加空气阀，增加空气阀后最小压力为－4.09m。第二级泵站出口至无压隧洞 2 进口段原有空气阀与新增空气阀在纵剖面中的位置以及增加空气阀前、后的极值包络线如图 3－19 所示。

上述计算结果表明，通过合理布置空气阀的位置及个数，可以在防止水柱分离方面取得良好的效果。

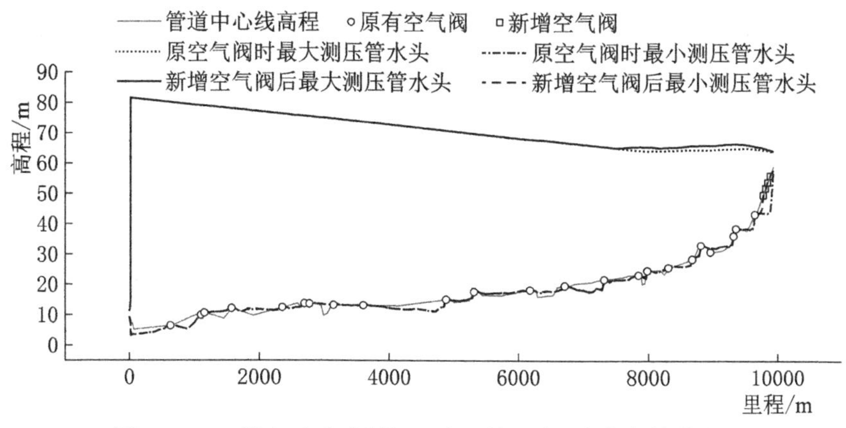

图 3-19 增加空气阀前、后，第二级泵站事故停机，阀门拒动工况下极值包络线图

3. 泵后阀关闭规律优化水锤防护分析

延长阀门的关闭时间或者采用合理的先快后慢折线关阀可使得调水工程系统流态变化缓慢，进而避免瞬变过程系统压力等的急剧变化，减小水锤危害。其中，由于折线关阀，相对于直线关阀可以减少关阀时间，因此，在调水工程中常采用折线关阀，但折线关阀的分割点和关阀速度在不同工程、不同阀门特性下有待具体的研究。

以第二级泵站事故停机、泵后阀关闭为例，分别分析了在无、有泄压阀防护情况下，实例工程沿线的压力极值，进而给出较优的关阀规律。

在现有关阀规律的基础上，首先通过试算优化折点角度，然后优化快关速度，最后分析慢关速度，进一步给出较优的泵后阀关闭规律，具体设置的关阀规律如下所示，计算结果见表 3-4。

工况 A：阀门 35s 快关至 80%，90s 全关；

工况 B：阀门 35s 快关至 90%，90s 全关；

工况 C：阀门 20s 快关至 90%，90s 全关；

工况 D：阀门 10s 快关至 90%，90s 全关；

工况 E：阀门 10s 快关至 90%，100s 全关；

工况 F：阀门 10s 快关至 90%，110s 全关；

工况 J：阀门 10s 快关至 90%，120s 全关。

表 3-4　第二级泵站事故停机，泵后阀在不同关闭规律下水力瞬变计算结果表

工　况		最大压力/m	最小压力/m
A	无泄压阀防护	162.36	−28.65
	有泄压阀防护	86.58	−12.06
B	无泄压阀防护	148.92	−15.04
	有泄压阀防护	86.03	−12.06
C	无泄压阀防护	139.95	−12.06
	有泄压阀防护	86.13	−12.06
D	无泄压阀防护	133.97	−12.06
	有泄压阀防护	86.27	−12.06
E	无泄压阀防护	128.21	−12.06
	有泄压阀防护	86.45	−12.06
F	无泄压阀防护	122.54	−12.06
	有泄压阀防护	86.21	−12.06
J	无泄压阀防护	117.35	−12.06
	有泄压阀防护	85.86	−12.06

由表 3-4 的计算结果可知：在安装泄压阀的情况下，系统的极值受关闭规律的影响较小。在未安装泄压阀的情况下，相同的关闭时长，折点开度越小、快关速度越快、慢关速度越慢，系统的最大压力越小、最小压力越大，直至最小压力出现在 8.5s，继续减小折点开度、加快快关速度、减慢慢关速度，最小压力不受泵后阀关闭规律的影响。而减缓慢关速度可进一步降低系统出现的最大压力，直至阀门 10s 快关至 90%，120s 全关，在未安装泄压阀的情况下，可满足管材设计要求，但一味减缓阀门关闭速度，将大大增加阀门的制造难度。因此，对于第二级泵站泵后阀关闭规律在安装泄压阀情况下，建议采用 10s 快关至 90%，90s 全关。

综上，合理的泵后阀折线关闭规律对于泵站事故停机后系统压力极值有着重要的作用。而目前主要是通过经验选取不同的序列进行试算，为了减少对经验的依赖以及试算带来的不确定性，需进一步将优化算法应用于阀调节，具体见第 4 章。

4. 增设空气阀、泵后阀关闭规律优化联合防护分析

以第二级泵站事故停机、泵后阀关闭为例研究多防护措施下的水力过渡过程，在泄压阀、增加空气阀以及优化泵后阀关闭规律联合防护下，最大压力为 86.30m，最小压力为—4.34m，均满足要求，其极值出现的位置及时刻具体见表 3－5。其计算结果说明对于复杂的调水系统，一般一种水锤防护措施难以满足安全运行要求，需进一步考虑多种防护措施的联合防护。

表 3－5　设置泄压阀、增加空气阀及优化泵后阀关闭规律联合防护下水力瞬变计算结果表

工　况	第二级泵站事故停机、泵后阀关闭
最大压力/m	86.30
最大压力出现位置	第二级泵站接管点后约 20m 位置
最大压力出现时刻/s	82.94
最小压力/m	—4.34
最小压力出现位置	第二级泵站泵后
最小压力出现时刻/s	2.97

3.2.3 正常开停机间隔及多水力设施调控分析

对于复杂调水系统，水力瞬变过程影响范围较长，需考虑沿线多水力设施联合调控，以保障系统的安全运行。在现有已知条件下，本章以运行无法避免的、最常见的正常开、停机为例，分析多水力设施的联合调控和开停机间隔。

对于实例工程全线依次停机工况，为保证停机过程不出现漏底、明满交替及极值不满足运行安全要求等，需多水力设施联合调控，其中第一级泵站至无压隧洞 1 调水段对于多水力设施协调调控尤为敏感，通过试算难以给出合理的调控方案，该段采用耦合水力瞬变模型的多目标优化调控模型寻求正常停机过程多水力设施协调调控方案，具体见 4.4 节。此处正常停机采用 4.4 节计算结果的方案 10，即第一

级泵站泵后阀 13s 快关至 73°、83s 全关，第二级泵站泵后阀 10s 快关至 81°、90s 全关，第一台机组与第二台机组的停机间隔为 673s，第二台机组和第三台机组的停机间隔为 583s，活塞式阀调节起始时刻与各台机组停机起始时刻相同，V1-1 和 V1-2 第一次调节由正常运行的 23.52°调节至目标度数 37°，第二次调节调至目标度数 54°，第三次调至全关 90°，V2 第一次调节由正常稳态运行的 29.37°调至目标度数 60°，第二次调节调至目标度数 83°，第三次调至全关 90°。其后续调控，经过对不同台数机组运行稳态沿线活塞式阀开启状态的分析，结合试算，确定：为避免停机调节过程出现明满交替，第一台机组停机开始之后 600s，V3 由稳态运行的 28.73°调至目标度数 33.9°，直至第三台机组开始关闭再次调节至全关 90°；V4 第一次由稳态运行的 29.13°调节至目标度数 36.5°，直至第二台机组开始关闭再次调节至全关 90°；分水口在第二台机组关闭后关闭，总历时 2264s，具体极值以及稳定后水位见表 3-6。根据瞬变过程，第一级泵站相邻两台机组停机间隔不少于 260s，第二级泵站相邻两台机组停机间隔不少于 150s，但鉴于需跟限速活塞式阀协调调控，故难以给出具体的停机间隔阈值，需与多目标联合协调调控优化模型耦合计算。

对于全线依次开机，考虑限速活塞式阀协调调控，开机过程先开调频机组，其与第二台机组的开机间隔为 900s，第二台机组与第三台机组的开机间隔为 300s，活塞式阀调节起始时刻与各台机组开机起始时刻相同。其中，泵后阀开机规律均为 60s 直线开启。经过对不同台数机组运行稳态沿线活塞式阀开启状态的分析，结合试算，确定：V1-1 和 V1-2 第一次需由全关调节至目标度数 48.1°，第二次调至目标度数 34.84°，第三次调至目标度数 23.52°；为避免无压调节池在瞬变过程中出现低于最低运行水位的情况，V2 第一次调节滞后于第一台机组开始开机时刻 326s，调节至目标度数 49.96°，第二次调节起始时刻为第三台机组开机起始时刻，调节至目标度数 29.37°；V3 第一次调节至目标度数 43.06°，第二次调节至目标度数 32.14°，第三次调节至目标度数 28.73°；V4 第一次调节至目标度数 51.45°，第二次调至目标度数 37.25°，第三次调至目标度数 29.13°。分水口开启时刻为第

三台机组开启时刻，总历时1640s，具体极值以及稳定后水位见表3-6。根据瞬变过程，第一级泵站相邻两机组开机间隔不少于150s，第二级泵站两机组开机间隔不少于120s，但同样需要多水力设施联合协调调控。

表3-6　　正常开停机工况水力瞬变计算结果表

指　　标	正 常 停 机	正 常 开 机
最大压力/m	85.78	88.12
最小压力/m	0	−0.02
最大相对倒转速	—	—
高位水池水位	稳定后水位约86.91m，停机过程出现的最高水位为88.15m，最低水位为86.75m	稳定后水位约87.5m，开机过程出现的最高水位为92.50m
无压调节池水位	稳定后水位约61.96m，停机过程出现的最高水位为61.96m，最低水位为59.75m	稳定后水位约60.9m，开机过程出现的最高水位为62.30m
无压隧洞1入口水位	稳定后水位约40.4m	稳定后水位约41.59m
无压隧洞1出口水位	稳定后水位约40.4m	稳定后水位约39.40m
第二级泵站前池水位	稳定后水位约9.86m	稳定后水位约9.05m
无压隧洞2入口水位	稳定后水位约59.51m，停机过程出现最低水位为59.32m	稳定后水位约59.79m
无压隧洞2出口水位	稳定后水位约59.51m，停机过程出现最高水位为59.68m	稳定后水位约59.3m

3.3 本 章 小 结

本章在封闭管道、明渠和明满流交替的非恒定流计算理论与方法，定水位、水泵、管道连接、明渠连接、阀门、闸门、空气阀、调压室、泄压阀、逆止阀和双向调压塔等基本边界条件处理方法，以及自适应建模涉及的稳态初值自适应计算方法和不同流态配合处理方法的基础上建立了对包含不同建筑物、水力设施设备、流态以及拓扑结构的调水系统自适应水力瞬变模型。利用该模型对梯级泵站复杂调水结构、调水方式以及流态下的瞬变过程、水锤防护措施以及多水力设施调控等进行了分析。研究的结论如下：

（1）管渠结合的梯级泵站调水工程可将高位水池、无压调节池、隧洞进出口等可直观反应瞬变过程部分水力特性及响应的断面，作为沿线系统及时响应调控的关键断面，重点监测。

（2）对于管渠结合的梯级泵站调水工程水力瞬变及防护措施分析，可结合实际取局部系统进行分析计算，而不影响计算结果。但一般一种水锤防护措施难以满足安全运行要求，需考虑多种防护措施的联合防护。

（3）管渠结合的梯级泵站复杂调水系统，一般瞬变过程需多水力设施联合调控，试算法难以实现，需将瞬变模型与优化算法耦合以给出合理的运行方案。

4　梯级泵站调水工程有压段多水力设施联合优化调控研究

由于沿线地形、地质条件等限制，调水工程沿线可能存在管渠串联的调水段，也可能在有压调水段存在高位水池、无压调节池等调蓄能力非常有限的建筑物。相对于单一的明渠输水以及单一的有压重力输水或加压提水，其上下游水力设施的协调调控更为敏感，水力响应更复杂，调控难度更大。为保障其沿线的协调安全运行，需泵、阀等多种水力设施的合理联合调控，以避免调节池漏空或漫溢、隧洞局部断面水位漏底或出现明满交替现象、泵站前池水位低于最低运行水位或漫溢以及水泵空蚀空化等。

针对多水力设施联合调控目前主要依赖于人工经验，调控过程中需要反复调节、决策效率低、人力消耗大，在机组运行状态及瞬变流计算的基础上，基于模拟优化的思想，研发了耦合水力瞬变模型的多水力设施多目标优化调控模型。针对应用进化算法耦合水力瞬变模型求解过程面临的计算耗时长的问题，引入了并行算法，明确了并行域的设置方法，提出了基于 NSGA-Ⅱ和多核并行的梯级泵站调水工程多水力设施联合优化调控求解方法，以加快计算速度。并以泵站多台机组连续停机工况为例，验证了多水力设施联合调控模型的可行性以及决策效率。

4.1　梯级泵站调水工程有压段多水力设施联合优化调控模型

对于梯级泵站调水工程中存在高位水池、无压调节池等调蓄能力非常有限的有压调水段，不仅需考虑沿线极值、水泵倒转速、总调控时长等，还需考虑沿线水位协调，以避免泵站前池、高位水池、无压调节池漏空或漫溢，无压明流段出现明满流交替等带来的破坏。因此，以最小化系统的压力波动、水泵倒转、总关阀时间以及控制建筑物水位波动为目标，建立多水力设施多目标联合优化调控模型，寻求多水力设施联合协调调控方案。

4.1.1 决策变量

对于梯级泵站调水工程，其多水力设施的调控主要为水泵、泵后阀以及沿线多个阀门的联合调控，因此，其决策变量为单管 m 个水泵停机间隔 t_{gj}（$j=1, 2, \cdots, m-1$），泵后阀的折点时长 t_1、折点角度 θ、总关闭时长 t_2，以及沿线 n 个阀门由于水泵依次停机的调控角度 β_{ik}（$i=1, 2, \cdots, n$；$k=1, 2, \cdots, m$）。

4.1.2 目标函数

对于梯级泵站调水工程多水力设施联合优化调控，以水力瞬变过程安全为总目标，同时考虑操控的快速可行性，设立以下目标函数：

（1）系统压力波动最小：

$$\min(H_{\max} - H_{\min}) \tag{4-1}$$

（2）总关闭时间最短：

$$\min\left(mt_2 + \sum_{j=1}^{m-1} t_{gj}\right) \tag{4-2}$$

（3）对于含泵运行的调水系统还需考虑泵站事故停机后水泵的倒转速最小：

$$\max n_{\min} \tag{4-3}$$

（4）控制建筑物水位波动最小的目标函数为

$$\min \sum_{i=1}^{k} (|Z_{i\max} - Z_{is}| + |Z_{i\min} - Z_{is}|) \tag{4-4}$$

式中：$H_{\max}$、$H_{\min}$ 分别为系统在水力瞬变过程中沿线最大水锤压力和最小水锤压力；$n_{\min}$ 为泵站机组事故停电时水泵的最大倒转速（倒转速为负值）；$Z_{i\max}$、$Z_{i\min}$ 分别为第 i 个泵站前池、高位水池、无压

调节池或管渠结合断面等控制断面在瞬变过程中出现的最高水位和最低水位；Z_{is} 为第 i 个控制断面的设计水位。

4.1.3　约束条件

（1）泵后阀和末端阀的关闭规律应该满足实际可操控需求，即折点时长应大于可操控的最短时长 t_{c_min}，总关闭时长应小于可实现的最长操控时长 t_{c_max}，具体不同的阀门类型、型号其有所不同：

$$\begin{cases} t_1 > t_{c\_min} \\ t_{c\_min} < t_2 < t_{c\_max} \end{cases} \tag{4-5}$$

此外，对于折线关闭规律，为保证先快后慢或先慢后快的关闭规律，减少不必要的搜索，还需满足以下约束条件（其中假设阀门全开为 0°，全关为 90°）：

$$\text{关闭规律为先快后慢时：} \frac{90t_1}{t_2} < \theta < 90 \tag{4-6}$$

$$\text{关闭规律为先慢后快时：} \theta < \frac{90t_1}{t_2} \tag{4-7}$$

（2）对于系统的极值，需要满足规范的要求。《泵站设计标准》（GB 50265—2022）指出：离心泵最大倒转速不应超过额定转速的 1.2 倍，若超过，其持续时间也不应超过 2min；系统最大压力不应超过泵出口额定压力的 1.3～1.5 倍；管道任何部位不应出现水柱断裂或负压；对于立式或斜式轴流泵，虹吸式出水流道驼峰顶部的真空度不应超过 7.5m 水柱高。因此，极值应满足以下约束：

$$H_{max} \leqslant H_{s\_max} = 1.3H_{w\_max} \tag{4-8}$$

$$H_{min} > -7.5m \tag{4-9}$$

$$n_{min} > -1.2n_r \tag{4-10}$$

（3）各个控制断面水位应满足：

$$\begin{cases} Z_{ismin} < Z_{imin} \\ Z_{imax} < Z_{ismax} \end{cases} \tag{4-11}$$

式中：H_{w_max} 为沿线稳态最大压力值；n_r 为水泵额定转速；Z_{ismax}、Z_{ismin} 分别为第 i 个控制断面的设计最高、最低运行水位。

4.2 有压段多水力设施联合优化调控模型求解算法及并行实现

对于梯级泵站调水工程多水力设施联合协调调控，试算法难以实现，将优化算法与瞬变计算的结合为多水力设施联合调控措施的高效制定提供了一种可能。NSGA-Ⅱ为典型求解多目标优化的算法，具有能处理多维、非凸、非线性复杂规划问题的优点，同时鲁棒性好，计算高效，能获得分布均匀、多样性良好的非支配解集[175]。因此，本章采用NSGA-Ⅱ算法求解梯级泵站调水工程多水力设施联合优化调控模型。此外，针对瞬变流控制的优化往往需要很长的计算耗时，将并行算法引入优化调控的求解算法NSGA-Ⅱ，介绍了并行的实现方法。

4.2.1 NSGA-Ⅱ算法的基本思想及实现流程

4.2.1.1 NSGA-Ⅱ算法的基本思想

NSGA-Ⅱ算法通过锦标赛选择策略从种群规模为 N 的父代种群中比较选择，生成一个较优的临时种群，并将该临时种群通过交叉、变异，生成子代种群，然后将其与父代种群重组成一个种群规模为 $2N$ 的种群。对于种群规模为 $2N$ 的种群中包含的个体通过快速非支配排序划分成 i 个非支配层，并对每个非支配层中包含的个体进行拥挤距离计算[176]。然后，根据非支配排序以及计算的拥挤距离选择较优的个体组成新一代父代种群，完成一次迭代。最后，重复上述步骤，直至达到最大迭代次数。

1. 选择、交叉变异操作

NSGA-Ⅱ算法的选择操作采用锦标赛法，基本步骤为：①根据初始化或更新迭代生成的决策变量，计算种群中每个个体的目标函数值；②对每个个体进行非支配排序以及拥挤距离计算。其中，非支配序低的进入下一代；若互不支配，则拥挤距离大的进入下一代；若二者均相同，则随机选择一个进入下一代；③重复步骤②，直至生成的较优下一代临时种群包含的个体达到 N。

其交叉操作采用模拟二进制交叉（SBX）法，目的为通过将两个父代的基因重组，使得生成的子代个体继承父代个体中的有用信息。具体的，交叉过程中需要交叉的两个个体每个变量都进行交叉操作，但在每次执行交叉操作时是否真的进行交叉还要比对随机生成的随机数 R 与给定的交叉概率 U。假设 t 为当前迭代次数；x_1^t、x_2^t 分别为随机选取的两个种群个体，$x_1^t(j)$、$x_2^t(j)$ 分别为上述两个个体对应的第 j 个基因位；$y_1^t(j)$、$y_2^t(j)$ 分别为 $x_1^t(j)$、$x_2^t(j)$ 通过 SBX 生成的两个子代个体的第 j 个基因位，其具体生成的过程如下：

当 $R>U$ 时，不交叉，即

$$\begin{cases} y_1^t = x_1^t \\ y_2^t = x_2^t \end{cases} \tag{4-12}$$

当 $R \leqslant U$ 时，交叉。其中，对于每个基因位，当 $R>0.5$ 时，该基因位不交叉，否则，交叉，即当 $R>0.5$ 时，满足：

$$\begin{cases} y_1^t(j) = x_1^t(j) \\ y_2^t(j) = x_2^t(j) \end{cases} \tag{4-13}$$

当 $R \leqslant 0.5$ 时，通过下式进行交叉：

$$\begin{aligned} &|(x_2^t(j) - x_1^t(j))]| > EPS: \begin{cases} y_1^t(j) = 0.5\{[x_1^t(j) + x_2^t(j)] \\ \qquad - \beta_q(j)\,|[x_2^t(j) - x_1^t(j)]|\} \\ y_2^t(j) = 0.5\{[x_1^t(j) + x_2^t(j)] \\ \qquad + \beta_q(j)\,|[x_2^t(j) - x_1^t(j)]|\} \end{cases} \\ &|(x_2^t(j) - x_1^t(j))| \leqslant EPS: \begin{cases} y_1^t(j) = x_1^t(j) \\ y_2^t(j) = x_2^t(j) \end{cases} \end{aligned} \tag{4-14}$$

式中：$EPS = 10^{-14}$；$\begin{cases} \beta_q(j) = (\varepsilon\alpha)^{\frac{1}{\eta_c+1}}, & \varepsilon \leqslant \dfrac{1}{\alpha} \\ \beta_q(j) = \left(\dfrac{1}{2-\varepsilon\alpha}\right)^{\frac{1}{\eta_c+1}}, & \varepsilon > \dfrac{1}{\alpha} \end{cases}$，$\varepsilon$ 为 [0，1] 的随机数，η_c 为交叉分布指数；

$$\begin{cases}\alpha = 2-\left\{1+2\dfrac{\min[x_1^t(j),x_2^t(j)]-x_{\min}(j)}{|x_1^t(j)-x_2^t(j)|}\right\}^{-(\eta_c+1)},y_1^t(j)\\ \alpha = 2-\left\{1+2\dfrac{x_{\max}(j)-\max[x_1^t(j),x_2^t(j)]}{|x_1^t(j)-x_2^t(j)|}\right\}^{-(\eta_c+1)},y_2^t(j)\end{cases};$$

$x_{\min}(j)$，$x_{\max}(j)$分别为第 j 个基因位的边界值。

交叉后对于超过边界值的基因位置置为边界值。

其变异操作采用多项式变异，目的是通过基因的变异以防止种群陷入局部最优。假设 $x_i^t(j)$ 为第 t 迭代时层的第 i 个个体的第 j 个基因位；$y_i^t(j)$ 为 $x_i^t(j)$ 变异生成的子代第 i 个个体的第 j 个基因位，其具体生成过程如下：

当随机生成的随机数大于给定的变异概率时，不变异；小于等于给定的变异概率时，变异，变异过程如下：

$$y_i^t(j)=x_i^t(j)+\beta_q{}'(j)[x_{\max}(j)-x_{\min}(j)] \tag{4-15}$$

其中，

$$\begin{cases}\beta_q{}'(j)=\left[2\varepsilon+(1-2\varepsilon)\left(1-\dfrac{x_i^t(j)-x_{\min}(j)}{x_{\max}(j)-x_{\min}(j)}\right)^{\eta_m+1}\right]^{\frac{1}{\eta_m+1}}-1,\\ \qquad\qquad \varepsilon\leqslant 0.5\\ \beta_q{}'(j)=1-\left[2(1-\varepsilon)+(2\varepsilon-1)\left(1-\dfrac{x_{\max}(j)-x_i^t(j)}{x_{\max}(j)-x_{\min}(j)}\right)^{\eta_m+1}\right]^{\frac{1}{\eta_m+1}},\\ \qquad\qquad \varepsilon>0.5\end{cases}$$

式中：η_m 为变异分布指数，其余参数同交叉操作中参数。

变异后对于超过边界值的基因位置置为边界值。

2. 快速非支配排序策略

假设 NSGA－Ⅱ算法的初始种群数为 N，为了对这 N 个种群进行非支配排序，种群中的每一个解都必须与其他各个解一一进行比较，从而得出当前解是否被其他解支配。对种群中的每个个体 q 都设置两个参数 n_q 和 S_q，分别代表支配的个体 q 的数目和被个体 q 支配的个体的集合。主要步骤为：

（1）初始化种群中每个个体所对应的参数，令 $n_q=0$，S_q 为空集。遍历种群中每个个体，将其与余下个体依次比较，如果个体 q 的目标函

数值都优于被比较个体，则个体 q 支配被比较个体，并将被比较个体放进集合 S_q 中。如果个体 q 被所比较的个体支配，则 $n_q = n_q + 1$。在此基础上，将种群中满足 $n_q = 0$ 的个体放入集合 F_q 中，并将其非支配等级标记为 $R = 1$。

（2）对 F_q 中的每个个体支配的个体集合 S_q 中的每个个体对应的 n_q 值减 1，得到其新的参数 $n_j = n_q - 1$ 代替原有 n_q。同样遍历完 F_q 中的所有个体支配的个体集合 S_q 中的个体后，将 $n_j = 0$ 的个体存入集合 F_j 中，并将这些个体的非支配等级标记为 $R = 2$。

（3）不断重复步骤（2），直至所有的个体均被分级，得到如图 4-1 所示的非支配等级分级示意图。

3. 多样性保持策略

对于多目标优化算法，不仅需非支配解快速收敛于 Pareto 前沿，为避免局部最优、保持种群的多样性，还需其非支配解集在搜索空间中分布均匀。因此，NSGA-Ⅱ算法引入了拥挤距离，即种群中任一个体 p 周围包含 p 本身但不包含其他个体的最大长方形的周长，用 $L[p]_d$ 表示，如图 4-2 所示。具体的计算步骤为：①将同一非支配层所有个体的初始拥挤距离置为 0，即 $L[p]_d = 0$；②根据第 m 个目标函数值，将该层的所有个体进行升序排序；③将边界上的两个个体的拥挤距离置为：$L[0]_d = L[l]_d = \infty$；④其余个体的拥挤距离采用式 $L[p]_d = L[p]_d + \frac{(L[p-1]_m - L[p+1]_m)}{f_m^{\max} - f_m^{\min}}$ 计算，其中，$L[p-1]_m$、

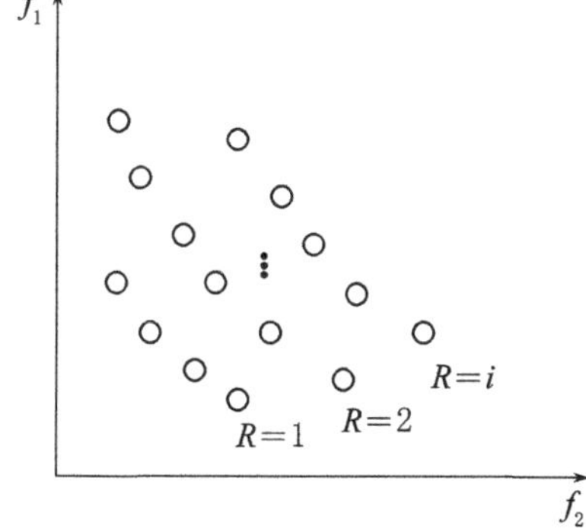

图 4-1 非支配等级分级示意图

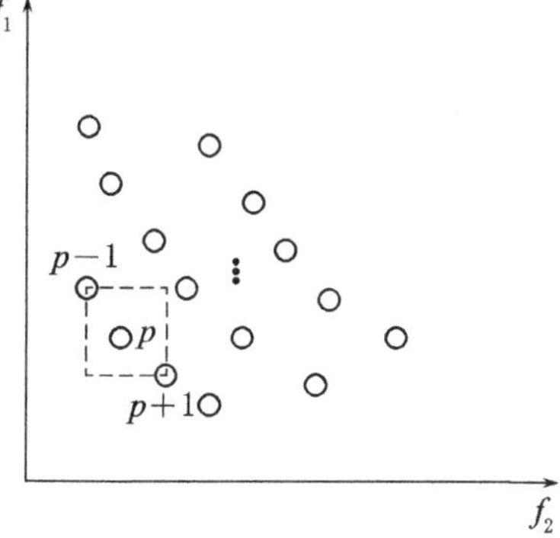

图 4-2 个体 p 的拥挤距离计算示意图

$L[p+1]_m$ 分别表示个体 p 根据第 m 个目标函数值排序后其前后两个个体的目标函数值，$f_m^{\max}$、$f_m^{\min}$ 分别表示第 m 个目标函数值的最大、最小值；⑤重复步骤②～④，直至遍历完含有的所有目标函数，得到个体 p 最终的拥挤距离：$L[p]_d = L[p]_d + \sum_{j=1}^{k} \frac{\{L[p-1]_j - L[p+1]_j\}}{f_j^{\max} - f_j^{\min}}$，其中，$k$ 为目标函数的总个数。

4. 精英策略

精英策略即父代种群与其产生的子代种群共同竞争、择优生成下一代种群的策略。其扩大了采样空间，同时有利于保留父代种群中的优良个体。具体实现步骤为：将父代、子代融合的含 $2N$ 个个体的种群按照非支配等级从低到高，将整层种群依次放入新父代种群中，直至放入某非支配等级层时出现新父代种群的大小大于种群规模限值 N 的情况，此时，将该非支配等级层中的个体按照拥挤距离由大到小的顺序填充新父代种群直至达到种群规模限值 N。

4.2.1.2 NSGA－Ⅱ算法的实现流程

NSGA－Ⅱ算法的流程图如图 4－3 所示，具体步骤如下：

（1）种群大小、迭代次数、交叉概率和变异概率等控制参数的设置及决策变量可行域的输入。

（2）个体编码，并随机生成满足约束的初始种群。

（3）计算初始化种群中每个个体对应的各个目标函数值。

（4）对初始化种群进行快速非支配排序以及拥挤距离计算。

（5）对初始化种群进行选择、交叉、变异操作，得到迭代次数为 1 的时层的子代种群。

（6）对迭代次数为 1 的子代种群进行目标函数的计算。

（7）将父代、子代种群融合为一个规模为 $2N$ 的种群，对其进行快速非支配排序以及拥挤距离计算，根据精英策略选出规模为 N 的新一代父代种群。

（8）将迭代次数加 1，循环步骤（3）～步骤（8），直至迭代次数达到最大值。

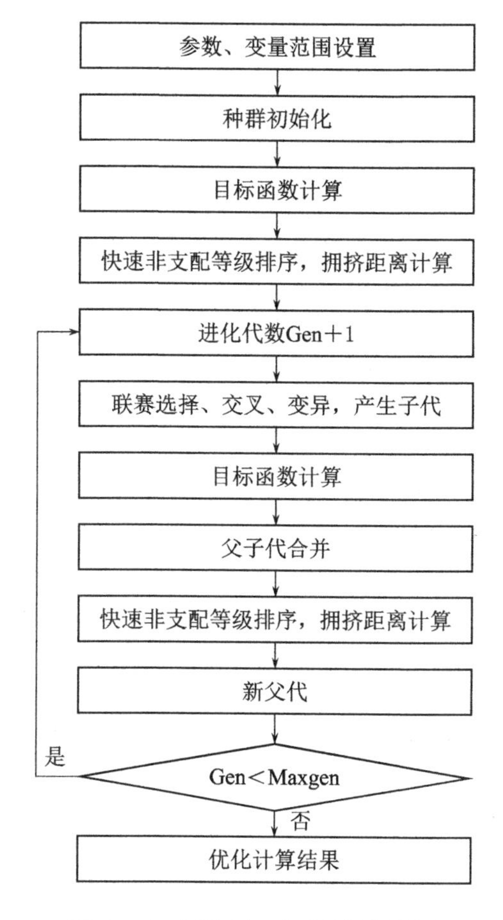

图 4－3　NSGA－Ⅱ算法流程图

4.2.2　并行的实现及性能分析指标

4.2.2.1　并行的实现

在高性能计算范畴中，并行计算体现出其特有的优势，也促进了常用并行编程环境的快速发展，不仅可以让程序运算更快、节约时间，同时使程序能够适应更大规模体系的计算[177]。根据并行程序设计环境的不同，目前常用的并行编程主要包括基于共享存储器的 OpenMP、基于消息传递接口的 MPI 以及基于二者的混合编程模型。其中 OpenMP 是一个基于线程的并行共享存储环境，可以直接应用于多线程的共享存储系统上。其最显著的好处为非常容易使用，且在串行和多核计算平台之间是可移植的。因此，采用基于 OpenMP 的并行算法来加速优化问题的求解。

OpenMP 中使用的是 Fork - Join 并行执行模型，如图 4 - 4 所示。首先，全部 OpenMP 代码都从一个单独的主线程开始，而该主线程会以串行方式不断运行下去，直到执行到首个并行域为止，此时会接着执行并行域中的内容。OpenMP 中的各共享任务内部结构都要求以动态方式封装在指定的并行域中，与指导语句同时并行执行。且任务运行时不产生新的线程，在入口处也不设置路障，因此，即使线程开始执行时间不同，也不会影响任务的执行过程，但是结束处会有一个隐含的路障，以此保障 OpenMP 线程同步，即在每一个并行域和任务分担域的结束处遇到同步路障时则线程必须等待并行区域内的所有线程都执行完到达了此处后才接下来继续执行后面的代码。

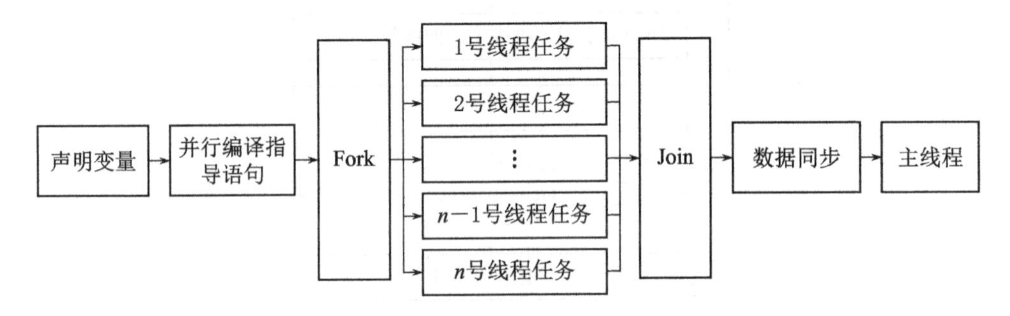

图 4 - 4　OpenMP Fork - Join 模型结构

4.2.2.2　并行性能分析指标

常用的并行性能分析指标主要有加速比和并行效率。其中，加速比 S_p 为串行计算的运行时间 T_c 与并行算法在 P 个处理器核数下的运行时间 T 的比值，即

$$S_p=\frac{T_c}{T} \tag{4-16}$$

并行效率（E_p）为加速比与处理器核数的比值，即

$$E_p=\frac{S_p}{P} \tag{4-17}$$

相同处理器核数下，运行时间越短，加速比越大，并行效率越大。

4.3　基于NSGA-Ⅱ和并行算法的调水工程有压段多水力设施联合优化调控求解

在上述梯级泵站调水工程多水力设施联合优化调控模型及求解模型的NSGA-Ⅱ算法基本思想、实现流程以及多核并行实现的基础上，本节详细论述了基于NSGA-Ⅱ算法和多核并行的多水力设施联合优化调控模型求解具体计算流程，如图4-5所示，以高效地给出多水力设施联合协调调控方案集。

4.3.1　个体编码及初始化

编码方式采用实数编码，即种群中每个个体代表各自决策变量不同值的组合方式。

初始化即种群的N个个体中每个决策变量在决策变量的最大值和最小值之间随机生成。

在多水力设施联合调控中，初始化后可描述为

$$\begin{bmatrix} t_{11},\theta_1,t_{21},t_{g11},t_{g21},\cdots,t_{gj1},\beta_{111},\beta_{121},\cdots, \\ \beta_{1k1},\beta_{211},\beta_{221},\cdots,\beta_{2k1},\cdots,\beta_{i11},\beta_{i21},\cdots,\beta_{ik1} \\ t_{12},\theta_2,t_{22},t_{g12},t_{g22},\cdots,t_{gj2},\beta_{112},\beta_{122},\cdots, \\ \beta_{1k2},\beta_{212},\beta_{222},\cdots,\beta_{2k2},\cdots,\beta_{i12},\beta_{i22},\cdots,\beta_{ik2} \\ \vdots \\ t_{1N},\theta_N,t_{2N},t_{g1N},t_{g2N},\cdots,t_{gjN},\beta_{11N},\beta_{12N},\cdots, \\ \beta_{1kN},\beta_{21N},\beta_{22N},\cdots,\beta_{2kN},\cdots,\beta_{i1N},\beta_{i2N},\cdots,\beta_{ikN} \end{bmatrix}$$

4.3.2　约束处理

在多水力设施调控中，约束条件均为不等式约束，对于其的处理采用“超过边界的值直接置为边界值”。

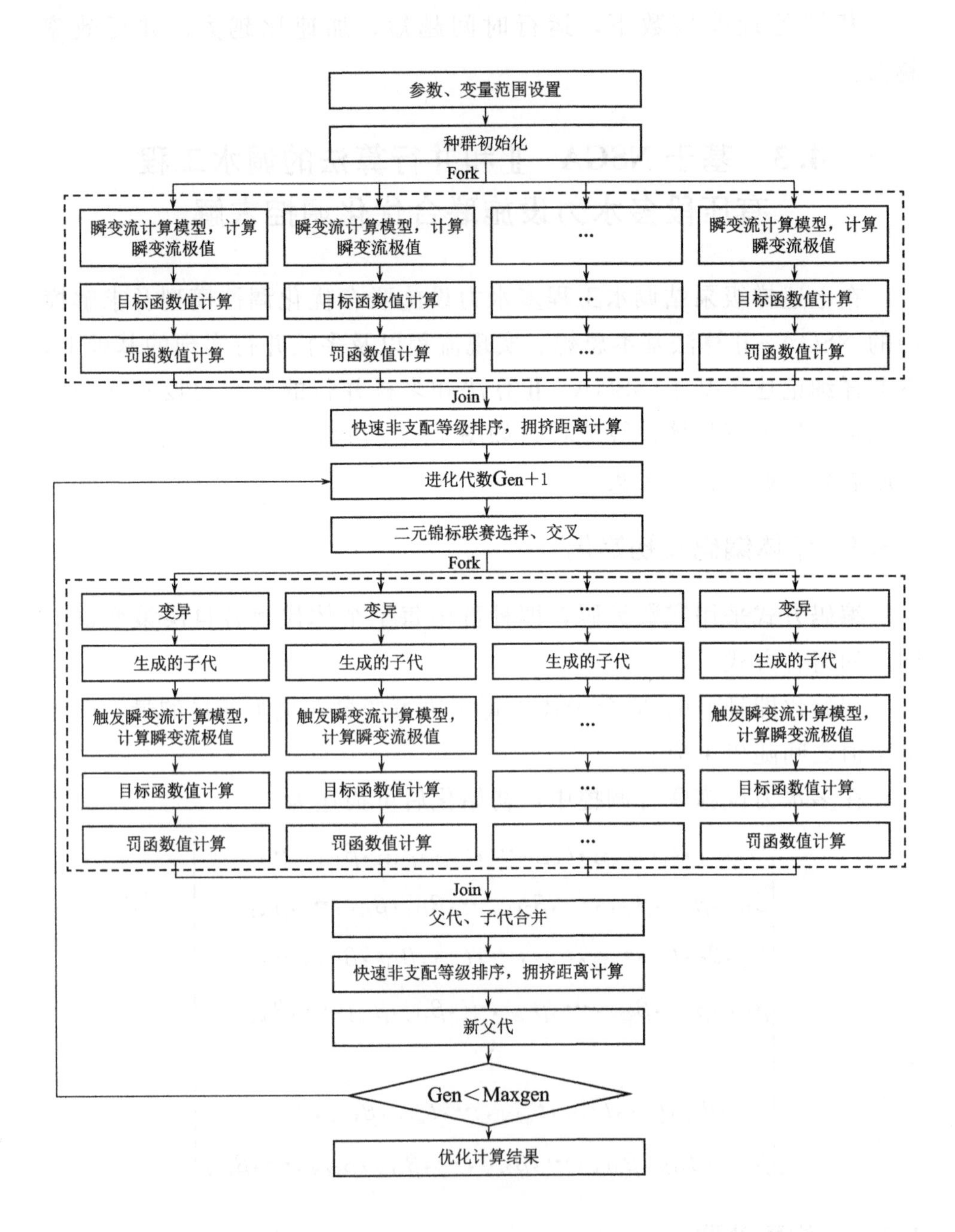

图 4-5 基于 NSGA-Ⅱ和多核并行的梯级泵站调水工程多水力设施联合优化调控计算流程图

4.3.3 水力瞬变模型与优化模型的耦合

决策变量初始化后，为了计算优化过程中目标函数值涉及的系统最大压力、最小压力、水泵最大倒转速、总调控时长以及控制建筑物最大、最小水位等，需将这些初始化或更新迭代生成的新一代决策变量输入到水力瞬变模型中，调用水力瞬变模型，计算其瞬变过程。因此，将多水力设施联合优化调控模型作为主程序，水力瞬变模型作为外部程序，通过在主程序中调用外部程序来实现两个模型的耦合。

4.3.4 并行域的设置

遗传算法作为一种群体寻优算法，暗含着并行运行的特性。NSGA-Ⅱ算法作为一种多目标的遗传算法，也包含并行处理的特性[178]。首先对 NSGA-Ⅱ算法的功能进行划分，其主要包含五个功能模块：随机初始化种群模块，适应度函数（目标函数）计算模块，种群个体评价模块，遗传算子作用产生子代种群模块以及父、子代种群融合模块。其中，随机初始化种群模块仅在算法迭代开始前执行一次，由于初始粒子间并不存在相互协作关系，因此，初始化模块内部存在并行的可能。同样适应度函数计算模块即将决策变量输入水力瞬变模型，驱动水力瞬变模型计算返回适应度函数所需变量，粒子间相互也不存在相互协作关系，存在实现内部并行的可能性。种群个体评价模块包括快速非支配等级排序以及拥挤距离计算，粒子之间存在相互协作、对比计算关系，即存在一定的数据关联性，因此，其模块不存在执行并行的可能性。遗传算子作用产生子代种群模块包括二元锦标联赛选择、交叉、变异过程，其中选择、交叉存在粒子间相互对比、相互作用的关系，不存在并行执行的可能性，而变异过程是种群中个体基因位通过变异从而防止种群陷入局部最优的操作，粒子间是相互独立的，存在并行的可能。父、子代种群融合模块即将两种群存储在一个 2 倍种群规模的空间，不存在并行的可能。综上，鉴于初始化生成种群仅通过随机数发生器生成一次，并行带来的加速并不明显，因此，对适应度函数计算模块以及遗传算子作用产生子代种群模块中的变异模块设置了并行域，具体如图 4-5 中虚线框所示。

4.4 实 例 研 究

本节以 3.2 节梯级泵站调水工程第一级泵站至无压隧洞 1 调水段正常停机工况为例，对调水系统多水力设施联合优化调控进行了研究。以第一级泵站前池、无压隧洞 1 入口断面的设计水位作为瞬变计算边界，具体工程参数见 3.2 节。

4.4.1 控制参数与计算环境

选取种群大小为 32，迭代次数为 70，交叉概率为 0.9，变异概率为 0.111。计算环境采用多核 DELL 服务器［Intel（R） Xeon（R） CPU E5-2630 v4@2.2GHz（10cores），32GB 内存］。

4.4.2 决策变量及初始化

考虑实际运行中调控主要为泵与活塞式控制阀，因此，为符合实际运行，实现调控的实际可操作性，其决策变量包含第一级泵站的三个泵（三用一备）泵后阀的折点位置 t_1、折点角度 θ、总关闭时长 t_2，三泵两停机间隔 t_{gi}，以及 V1-1（V1-2）控制阀、V2 控制阀由于依次停泵对应的调控角度 β_{ji}，共个 9 变量。决策变量向量描述如下：

$$[t_1, \theta, t_2, t_{g1}, t_{g2}, \beta_{11}, \beta_{12}, \beta_{21}, \beta_{22}]$$

初始化种群描述如下，其中 N 为种群规模：

$$\begin{bmatrix} t_{11}, \theta_1, t_{21}, t_{g11}, t_{g21}, \beta_{111}, \beta_{121}, \beta_{211}, \beta_{221} \\ t_{12}, \theta_2, t_{22}, t_{g12}, t_{g22}, \beta_{112}, \beta_{122}, \beta_{212}, \beta_{222} \\ \vdots \\ t_{1N}, \theta_N, t_{2N}, t_{g1N}, t_{g2N}, \beta_{11N}, \beta_{12N}, \beta_{21N}, \beta_{22N} \end{bmatrix}$$

4.4.3 目标函数

鉴于正常停机过程水泵基本不发生倒转，满足要求，因此，对于模拟工况其目标函数为系统压力波动最小、控制建筑物压力波动最小以及总关闭时间最短。

4.4.4 约束条件

(1) 由于第一级泵站事故停机、阀门拒动工况下，倒流出现在约水泵事故停机后14s，根据经验，一般快关时长约为水泵开始倒转的时间。而为降低水锤强度，一般减缓泵后阀关闭速度，即延长慢关时间，但一味延长慢关时间，可增大水泵的倒转速，加大对水泵的损害，此外，还加大了泵后阀的制造难度，故一般慢关时长取快关时长的4～7倍。基于此，泵后阀快关时间取［10s，20s］，慢关时间的区间为［40s，140s］，则对于4.1.3中约束条件，其参数的具体取值为

$$\begin{cases} t_{c\_\min} = 10\text{s} \\ t_{c\_\max} = 160\text{s} \\ 11.25^\circ < \theta < 90^\circ \end{cases}$$

鉴于快关不完全关闭，考虑实际操作控制的可行性，快关最大关闭角度取开度的10%，即$11.25^\circ < \theta < 81^\circ$。

(2) 根据第一级泵站至高位水池稳态运行的水面线，水力瞬变过程中该段的最大压力不高于$H_{s1_\max} = 116\text{m}$，高位水池至无压调节池段最大压力不超过$H_{s2_\max} = 103\text{m}$，无压调节池至无压隧洞1段最大压力不超过$H_{s3_\max} = 72\text{m}$。其他同4.1.3节。

(3) 为保证调节池及高位水池不漏空或漫顶，进而造成更为严重的安全以及经济问题，需满足各个高位水池或调节池等的设计最高、最低运行水位要求，即

$$\begin{cases} 86.8\text{m} < Z_g < 93.5\text{m} \\ 59.2\text{m} < Z_w < 65\text{m} \end{cases}$$

(4) V1-1 (V1-2) 控制阀全关时长为$T_{z_gs} = 27\text{min}$，V2控制阀全关时长为$T_{z_mlkz} = 32\text{min}$，两活塞式控制阀限速关闭。正常设计工况运行时，V1-1 (V1-2) 控制阀开度为$\beta_{10} = 23.517^\circ$，V2控制阀开度为$\beta_{20} = 29.37^\circ$。在正常停机调节过程中，两活塞式控制阀满足如下约束。

活塞式控制阀由开度$\beta_{j(i-1)}$关至$\beta_{ji}(i=1,2)$，所需的时间T_{ji}

需满足：

$$T_{ji}=\frac{\beta_{ji}-\beta_{j(i-1)}}{90}T_z<t_2+t_{gi}$$

$$\beta_{j0}\leqslant\beta_{j(i-1)}\leqslant\beta_{ji}<90$$

其中，活塞式控制阀为 V1-1（V1-2）控制阀时，T_z 为 T_{z_gs}；为 V2 控制阀时，T_z 为 T_{z_mlkz}。

(5) 水泵泵后阀的最小总关闭时间为 50s，最大总关闭时间为 160s，同时考虑水力瞬变过程，取水泵间的停机间隔 t_{gi} 为［100s，900s］。

(6) 分水口的关闭时间为第二台机组开始关闭的时间，即 t_2+t_{g1}。

4.4.5 优化调控结果分析

通过模拟优化，得到了第一级泵站至无压隧洞 1 调水段正常停机工况多水力设施联合调控可行方案集与非支配方案集，如图 4-6 所示。在可行方案中系统压力波动值基本小于 89m，仅一个可行方案的系统压力波动值为 111.58m，主要是由于其快关的角度较小，即快关较慢，慢关较快引起的。保持其他决策变量不变，将快关角度由 54°

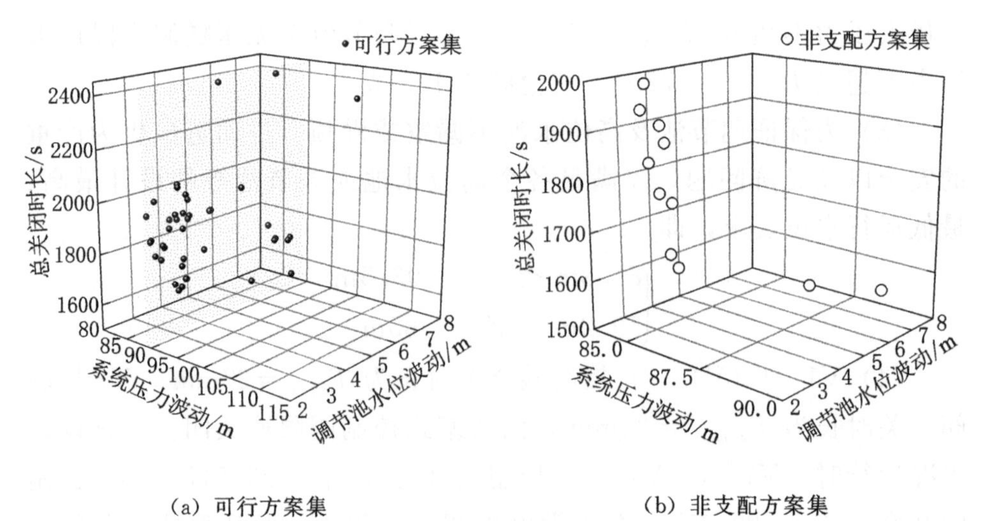

(a) 可行方案集　　(b) 非支配方案集

图 4-6 第一级泵站至无压隧洞 1 调水段正常停机多水力设施联合调控

变为70°，即可使得系统最大压力降低为88.568m，而对高位水池、无压调节池的水位变化过程影响较小，只是使得其出现的最高、最低水位略有下降。分析其原因，主要是由于水锤过程相对于高位水池、无压调节池的水位变化过程（同调压室的涌波）较短，因而，调节泵后阀快关角度对于高位水池、无压调节池的水位变化影响较小。此外，该方案在优化过程中也会成为被支配方案。

具体的非支配方案集对应瞬变过程结果见表4－1。其中，非支配方案集中每个方案高位水池、无压调节池的水位变化，极值所在位置的压力变化过程如图4－7所示，对应的系统极值包络线如图4－8所示。对于非支配方案，由于系统最小压力出现在高位水池出口处，故其压力变化过程基本与高位水池水位变化趋势一致。而系统最大压力出现在高位水池与无压调节池中间，距离高位水池约6560m，因此，其直接受高位水池、无压调节池水位变化以及V1－1（V1－2）关闭规律（包括活塞式阀每次调节的起始时间以及关至的角度）影响。但正常停机过程，由于水泵依次间隔关闭，沿线的极值较易满足设计要求，变化较为敏感的目标为高位水位、无压调节池水位。因此，根据表4－1及图4－7，以高位水位、无压调节池的水位变化，将非支配方案集可分五大类，即方案1、2为一类，方案3、4为一类，方案5、6、7、11为一类，方案8、10为一类，方案9为一类。且由于高位水池、无压调节池的水位变化直接取决于其进出流量，因此，图4－9给出了各类方案流入、流出高位水池、无压调节池流量变化过程及其水位变化过程。

根据表4－1和图4－9，对比分析方案1、2。由于方案2的V1－1（V1－2）阀第一次关至的角度较小，流出高位水池的流量较大，与流入高位水池的流量差值较小，故高位水池水位上升斜率较缓，且由于第一个水泵与第二个水泵关闭时间间隔较短，因而，高位水池出现的局部峰值较早、较小。此外，方案2的第二个水泵与第三个水泵关闭时间间隔较长，故高位水池水位上升差值较大。对于无压调节池水位变化，由于V2阀在相应的停机间隔下，基本为限速关闭，仅其在方案1第二次关闭至目标度数后，保持目标度数212s后继续关闭至全

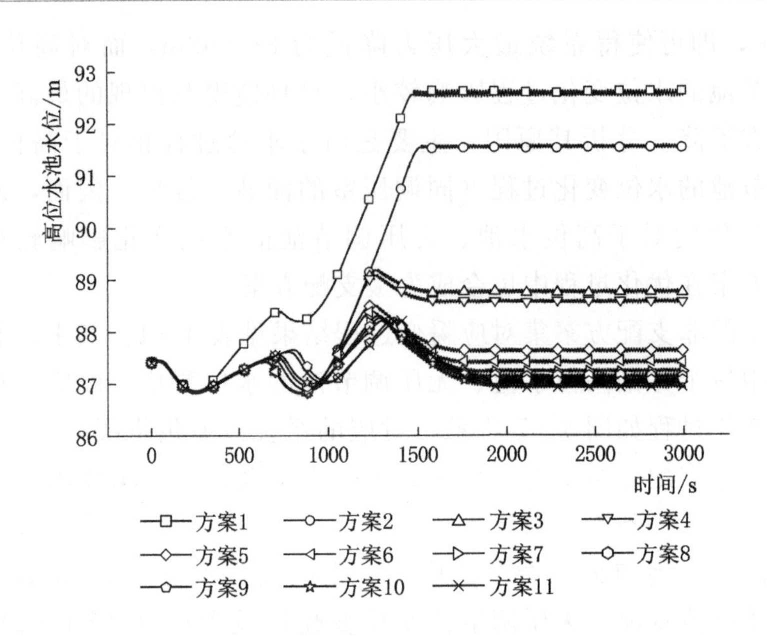

(a) 高位水池水位变化过程

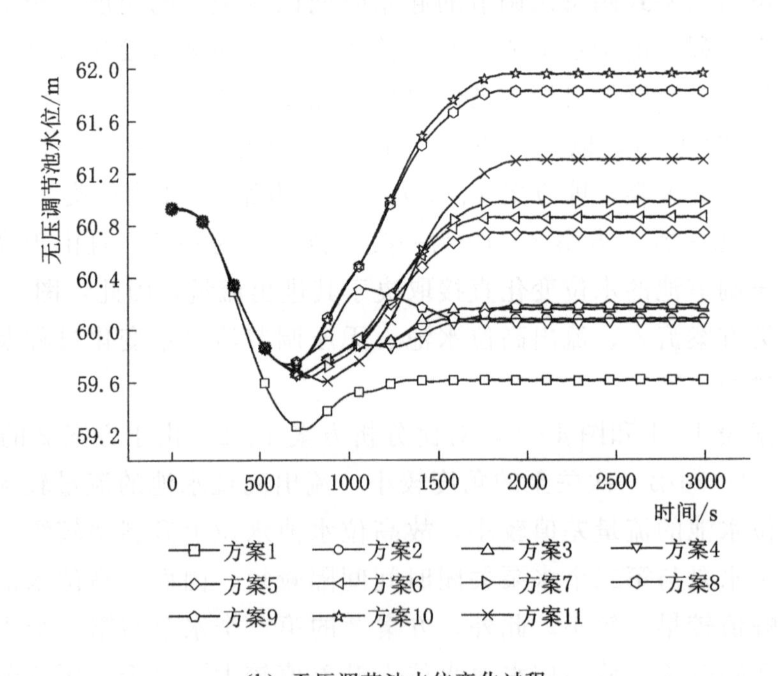

(b) 无压调节池水位变化过程

图 4-7（一） 极值所在位置的压力变化过程

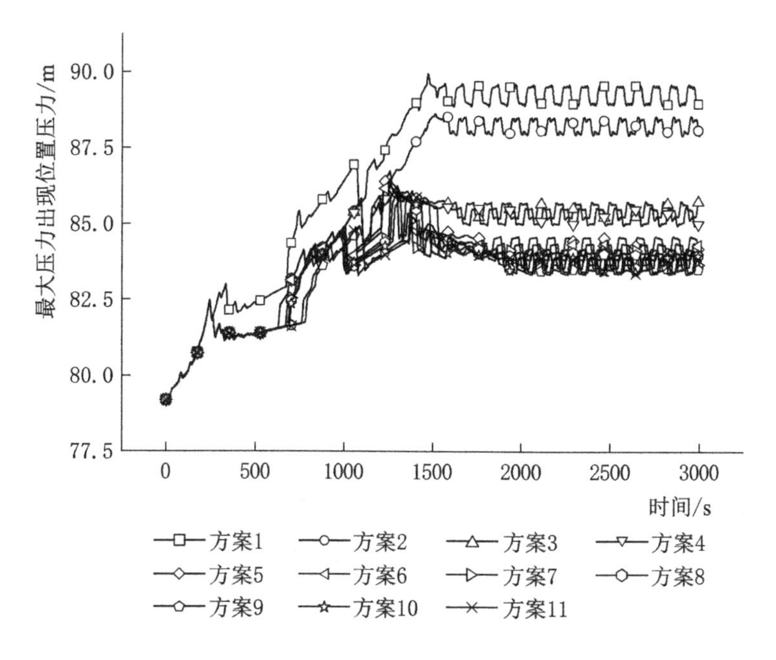

(c) 最大值出现位置压力变化过程

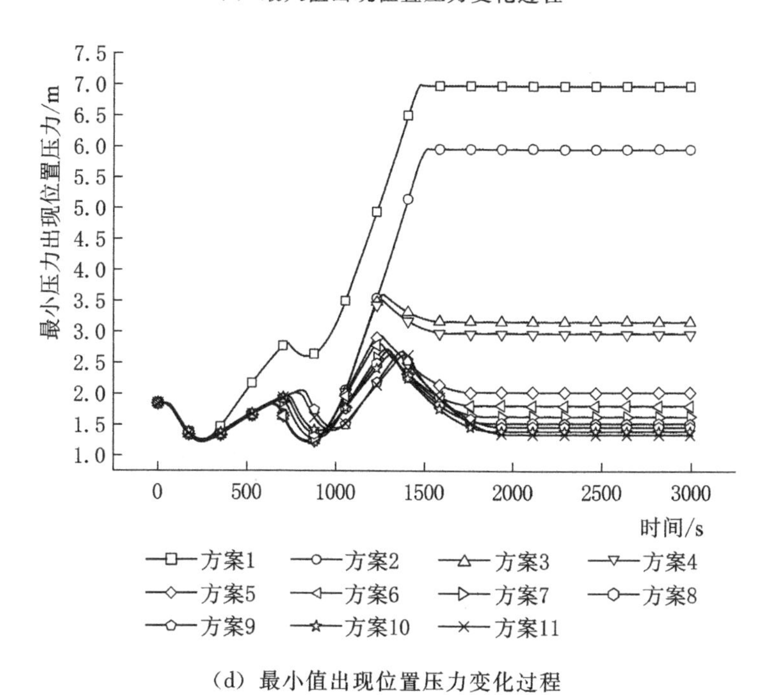

(d) 最小值出现位置压力变化过程

图 4-7(二) 极值所在位置的压力变化过程

表 4-1 第一级泵站至无压隧洞 1 调水段正常停机调控非支配方案集表

方案	目标函数			非支配等级、拥挤距离			决策变量									瞬变计算结果					
	系统压力波动/m	调节池水位波动/m	总关闭时长/s	惩罚函数	非支配等级	拥挤距离	快关时间/s	慢关时间/s	第一与第二个水泵时间间隔/s	第二与第三个水泵时间间隔/s	关闭角度/(°)	V1-1(V1-2)第一次关闭度数	V1-1(V1-2)第二次关闭度数	V2第一次关闭度数	V2第二次关闭度数	系统最大压力/m	系统最小压力/m	高位水池最高水位/m	高位水池最低水位/m	调节池最高水位/m	调节池最低水位/m
1	88.64	7.58	1546	0	1	0.12	17	59	580	670	70	41	82	60	85	89.89	1.25	92.59	86.85	60.92	59.24
2	87.37	6.17	1566	0	1	0.11	13	67	530	750	77	37	83	56	89	88.58	1.22	91.56	86.82	60.92	59.66
3	84.99	3.82	1612	0	1	0.03	14	65	530	510	78	37	67	56	83	86.19	1.21	89.20	86.81	60.92	59.66
4	84.81	3.72	1640	0	1	0.03	13	67	530	500	78	37	65	56	79	86.02	1.21	89.10	86.81	60.92	59.66
5	85.48	3.15	1766	0	1	0.04	13	67	530	500	78	37	58	56	83	86.68	1.21	88.53	86.81	60.92	59.66
6	85.21	3.01	1784	0	1	0.07	13	67	530	500	78	37	57	56	83	86.41	1.21	88.40	86.81	60.92	59.66
7	84.99	2.89	1844	0	1	0.05	13	68	570	500	78	37	56	56	83	86.20	1.21	88.31	86.81	60.97	59.64
8	84.81	3.56	1872	0	1	0.06	13	63	590	500	73	37	55	60	84	86.04	1.23	88.29	86.83	61.83	59.72
9	84.81	2.81	1946	0	1	0.03	15	58	690	480	73	37	55	60	68	86.03	1.22	88.27	86.83	60.92	59.72
10	84.61	3.61	1904	0	1	0.04	13	70	590	500	73	37	54	60	83	85.86	1.25	88.23	86.86	61.96	59.73
11	84.64	3.10	1992	0	1	0.03	14	68	660	520	77	37	54	56	83	85.86	1.22	88.22	86.83	61.30	59.60

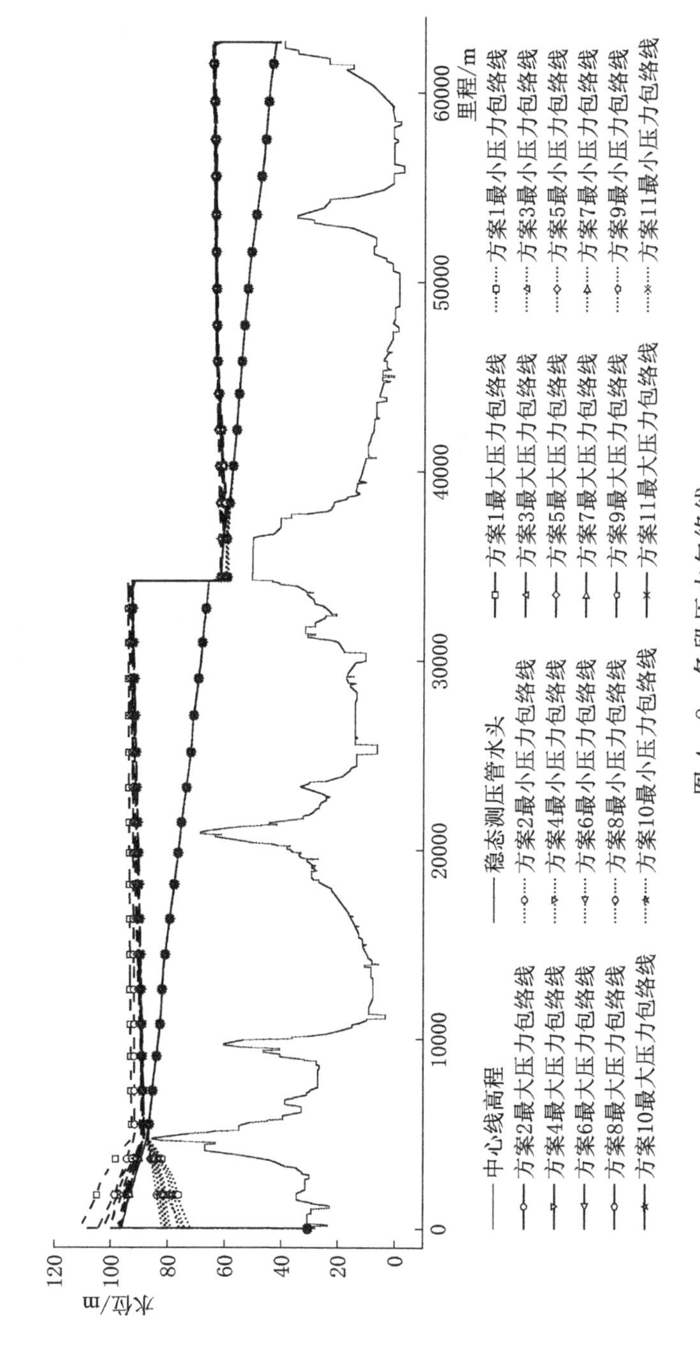

水位/m
120
100
80
60
40
20
0
0
10000
20000
30000
40000
50000
60000
里程/m
中心线高程
稳态测压管水头
方案1最大压力包络线
方案1最小压力包络线
方案2最大压力包络线
方案2最小压力包络线
方案3最大压力包络线
方案3最小压力包络线
方案4最大压力包络线
方案4最小压力包络线
方案5最大压力包络线
方案5最小压力包络线
方案6最大压力包络线
方案6最小压力包络线
方案7最大压力包络线
方案7最小压力包络线
方案8最大压力包络线
方案8最小压力包络线
方案9最大压力包络线
方案9最小压力包络线
方案10最大压力包络线
方案10最小压力包络线
方案11最大压力包络线
方案11最小压力包络线

图 4-8 各段压力包络线

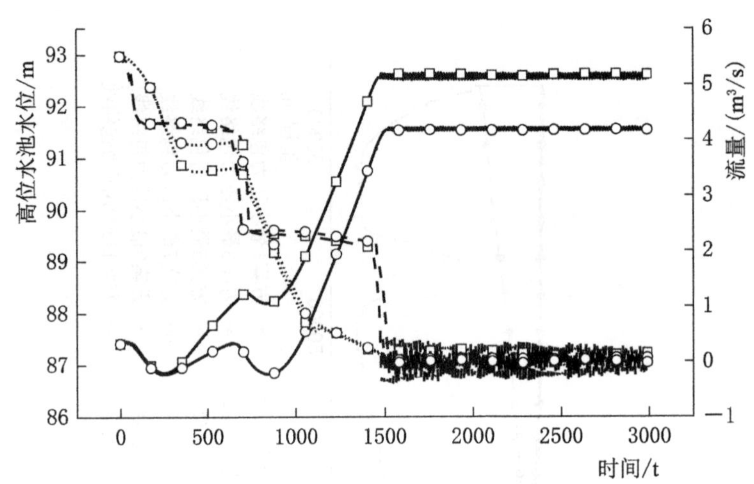

(a)

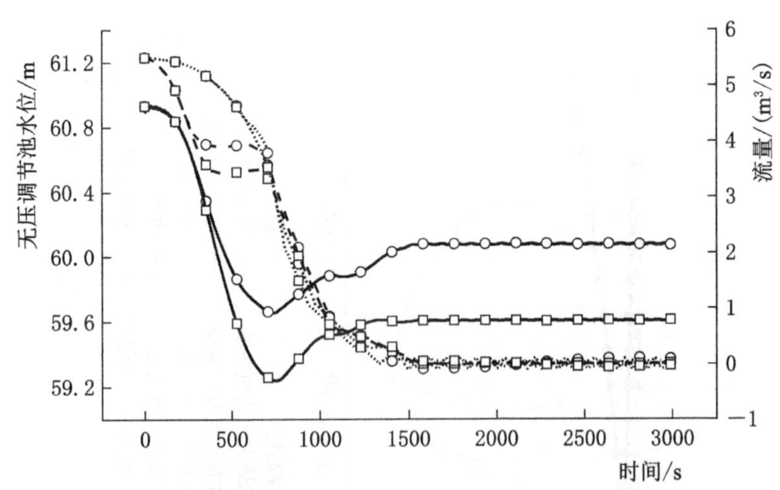

(b)

图 4-9（一） 各类方案流入、流出高位水池、无压调节池流量变化及其水位变化过程图

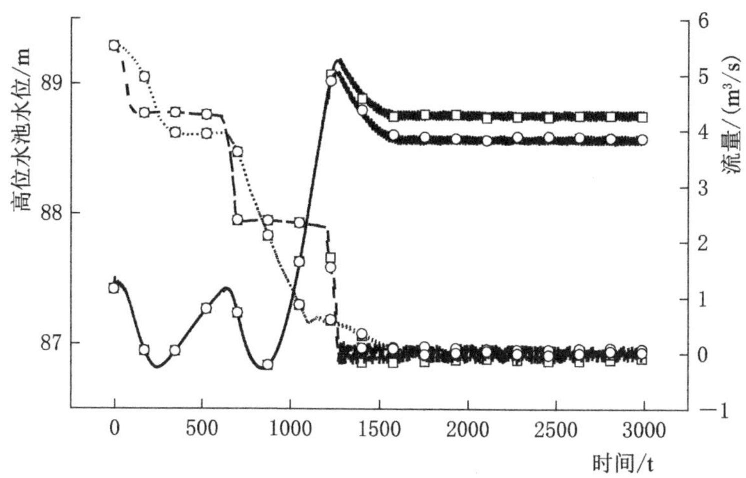

(c)

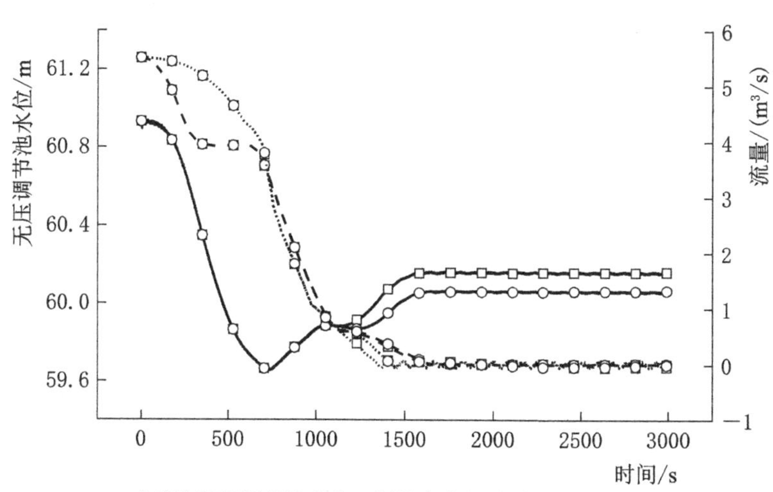

(d)

图 4-9（二） 各类方案流入、流出高位水池、无压调节池流量变化及其水位变化过程图

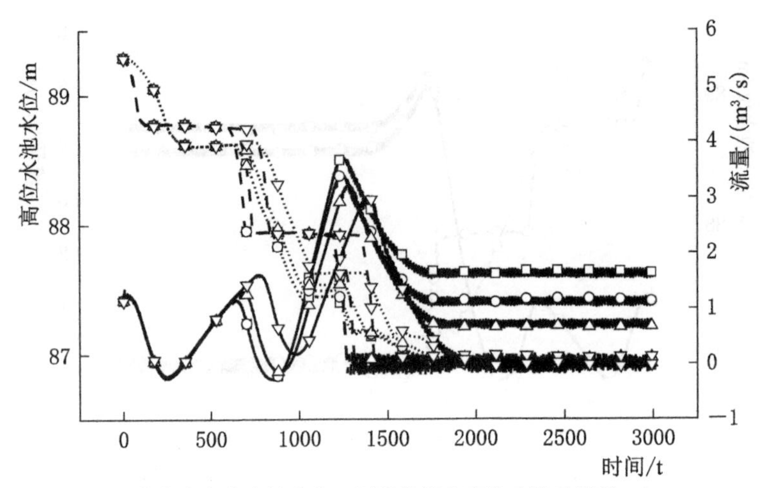

(e)

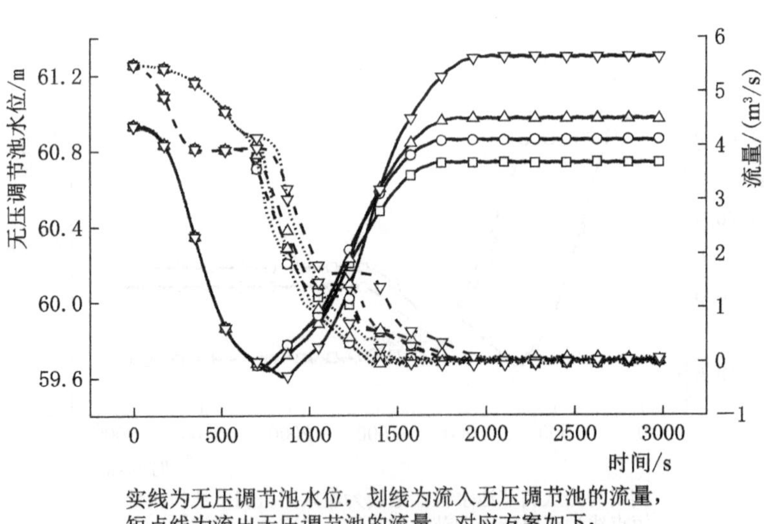

(f)

图 4-9（三） 各类方案流入、流出高位水池、无压调节池流量变化及其水位变化过程图

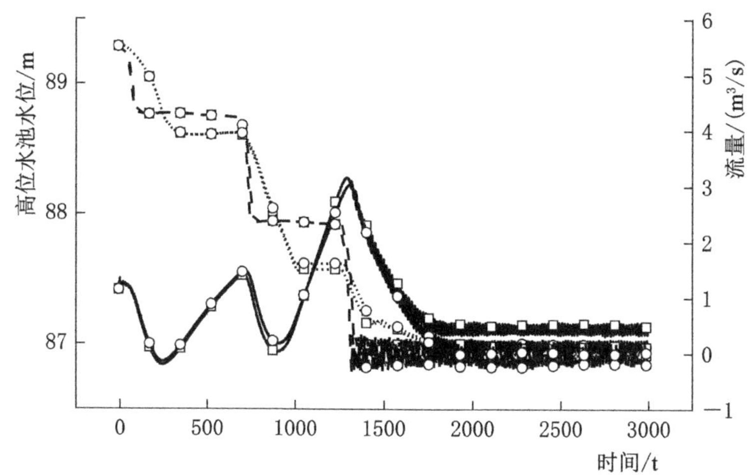

实线为高位水池水位，划线为流入高位水池的流量，
短点线为流出高位水池的流量，对应方案如下：
—□— 方案8 —○— 方案10

(g)

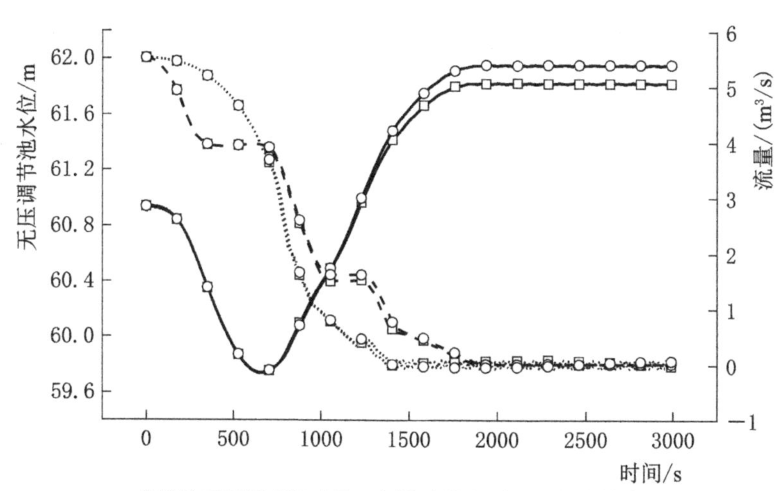

实线为无压调节池水位，划线为流入无压调节池的流量，
短点线为流出无压调节池的流量，对应方案如下：
—□— 方案8 —○— 方案10

(h)

图 4-9（四） 各类方案流入、流出高位水池、无压调节池流量变化及其水位变化过程图

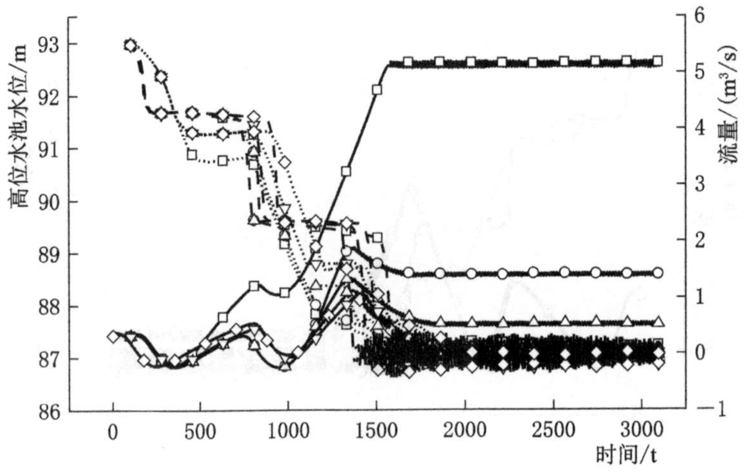

实线为高位水池水位，划线为流入高位水池的流量，
短点线为流出高位水池的流量，对应方案如下：
—□— 方案1 —○— 方案4 —△— 方案5 —◇— 方案9
—▽— 方案10

(i)

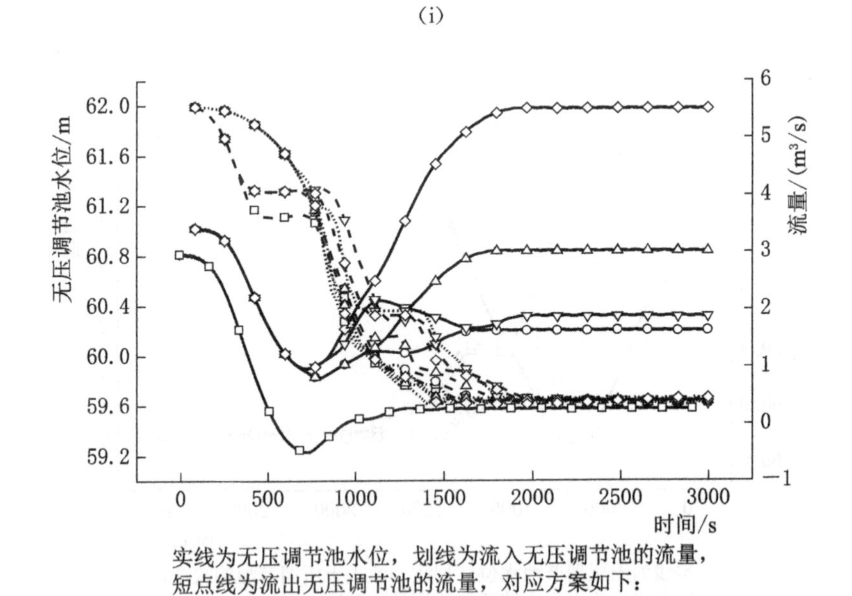

(j)

图 4-9（五） 各类方案流入、流出高位水池、无压调节池流量变化及其水位变化过程图

关，但两个方案 V2 阀第二次关至的目标度数下流量较小，故 V2 阀第二次关至的角度在各自方案下对于无压调节池水位变化的影响较小。同样，两方案的 V1－1（V1－2）阀第二次开始关闭到关至目标度数后所需时长基本等于第二次停机间隔，故 V1－1（V1－2）阀从第二次开始关闭至全关，基本为限速关闭，因此，引起两方案无压调节池水位变化差值的主要因素为 V1－1（V1－2）阀第一次关至的角度以及第一次停机间隔。

对比分析方案 3、4，类似于方案 1 和 2，由于 V1－1（V1－2）、V2 阀的特性及其需限速关闭的要求，高位水池的水位主要受第二个水泵和第三个水泵间的停机间隔影响。无压调节池的水位主要受第二个水泵和第三个水泵间的停机间隔以及 V2 阀第二次需关至的目标角度影响。

同理，对比分析方案 5、6、7、11，高位水池、无压调节池的水位主要受第一个水泵与第二个水泵间的停机间隔、第二个水泵与第三个水泵间的停机间隔以及 V1－1（V1－2）阀第二次需关至的目标角度的影响。对比分析方案 8、10，高位水池的水位主要受 V1－1（V1－2）阀第二次需关至的目标角度的影响，无压调节池的水位主要受 V1－1（V1－2）、V2 阀第二次关至的目标角度的影响，但由于 V2 阀第二次关至的目标角度下流量较小，故其对无压调节池的影响小于 V1－1（V1－2）阀第二次需关至的目标角度的影响。

对比五类典型方案的代表方案 1、4、5、9、10，可得到影响高位水池、无压调节池水位变化的较为全面的主要影响因素，分别为：影响高位水池水位变化的主要为机组间的停机时间间隔、V1－1（V1－2）阀需要关至的角度；影响无压调节池水位变化的主要为机组间的停机时间间隔，V1－1（V1－2）、V2 阀需要关至的角度。

综上所述，对于调蓄能力有限的有压调水系统，在机组依次间隔正常停机工况下，沿线的极值主要受泵后阀关闭规律的影响，且由于单台间隔关闭，极值较易满足设计要求，而高位水池、无压调节池等调蓄建筑物的水位变化较为敏感。其中高位水池的水位变化主要取决于 V1－1（V1－2）阀关闭规律和机组停机间隔，V2 阀的关闭规律由于无压调节池的存在，对其影响较小。无压调节池的水位变化主要取决于V1－1（V1－2）阀、V2阀的关闭规律及水泵停机间隔。此外，由于活塞式阀的限速要求，对于影响高位水池、无压调节池水位变化的活塞式阀关闭规律和机组间隔间又存在制约关系。

4.4.6 并行效率分析

为验证基于NSGA－Ⅱ和OpenMP并行的模型求解方法的高效性，分别在单核及十核的环境下对种群大小为32，迭代次数为70的种群规模进行了分析，结果见表4－2。

表4－2 第一级泵站至无压隧洞1调水段正常停机多水力设施联合优化调控并行计算结果

种群规模	可行方案	非支配方案	单核	十核		
			T/s	T/s	S_p	E_p
32×70	44	11	585802	99049	5.91	0.59

由表4－2可知，引入并行，可以在较短的时间内得到符合实际需求的多水力设施协调调控方案，且随着计算机设备的日益强大，并行的作用将更加凸显。

4.5 本 章 小 结

为高效制定调水工程沿线多水力设施联合调控方案，本章构建了耦合一维水力瞬变模型的多水力设施多目标联合优化调控模型。并针对应用进化算法求解优化调控模型过程中面临的计算耗时长问题，引入了并行算法，明确了并行域的设置，提出了基于NSGA－Ⅱ和多核并行的多水力设施联合优化调控高效求解方法。最后，以一实例正常停机工况为例，对多水力设施联合调控模型的可行性、效果及决策效率进行了验证。主要的研究结论如下：

（1）对于NSGA－Ⅱ算法，将其适应度函数计算模块以及遗传算子作用产生子代种群模块中的变异模块设置并行域，可极大地加快优化调控模型的求解速度，为多水力设施联合调控措施的高效制定提供了一种有效的方法。

（2）对于实例正常停机工况下的多水力设施联合调控，在现有系统条件及特性下，其控制因素主要为控制建筑物的水位波动，而其变化主要取决于控制建筑物相邻调水段的水力设施的调控以及泵站水泵停机间隔。

5　梯级泵站调水工程明渠段经济优化调度研究

梯级泵站调水工程明渠段，通过泵站逐级提升，泵站间依靠水位差自流输送，但泵站一般为低扬程、大流量，性能指标偏低，往往不足60%，且长期运行，耗电量高。据统计，供水系统能耗费占供水成本的30%～70%，水泵能耗费用占总能耗的80%～90%，因此，采用先进的优化理论，研究提高梯级泵站联合运行效率、减少运行费用的方法尤为重要。虽然目前智能优化算法在梯级调水系统的优化调度上取得了较为丰富的成果，但每一种算法都有其优、缺点，没有一种是绝对优于其他的[157]。因此，本章基于机组运行状态及瞬变流计算模型的稳态，建立了单级泵站机组流量分配-梯级泵站间扬程分配-梯级调水系统日不同时段间调水量分配嵌套的梯级泵站日经济优化调度模型。探索了灰狼算法在其模型求解中的应用，并针对求解过程中易陷入边界最优，而实际工程中边界为梯级泵站运行的极值状态，易造成渠道、调节池漫溢、漏空，机组汽蚀等的特点，对灰狼算法进行了改进，提出了改进灰狼算法。同时，针对梯级泵站日调水总量平衡约束为一个时空耦合的约束条件，提出了动态调整变量可行域的策略。最后，以一个包含六级泵站的梯级泵站调水系统对提出的方法进行了验证。

5.1　梯级泵站日优化调度模型

梯级泵站在运行启动或工况调整阶段有一个流量、水位等水力要素协调的动态过程，这一过程由于进、出流量的不平衡，引起输水渠道水位的不断变化，因而十分复杂，可认为是一种暂态。经过暂态运行后，系统进入各站水位、流量相对平衡的稳态运行阶段。对于长期运行的大型调水工程来说，暂态运行阶段时间极短，能耗相对较少，对工程经济效益的影响也较小。因此，梯级泵站的主要能耗集中在稳态运行阶段，而在影响系统总能耗的各要素中，各梯级泵站的流量和扬程最关键。

综上，以泵站为主要研究对象，将其他建筑物概化，研究梯级泵站在满足各种等式、不等式约束的同时，实现日运行费用最小、效率最大的优化调度。其优化调度问题属于大系统优化问题，可采用大系统分解-协调模型求解。具体的，大系统可分为三个子系统，每个子系统首先进行优化，然后根据其总体目标和三个子系统之间的关系实现大系统的整体优化。图 5－1 为梯级泵站调水工程日优化调度模型分解协调模型的三层结构。第一层为单级泵站机组间流量优化模型，通过该模型可以得到各单级泵站机组间的最优流量分配。第二层为梯级泵站间扬程优化模型，通过该模型可以得到梯级泵站间的最优扬程分配，其中，通过水力瞬变模型计算渠道的水力损失。第三层为梯级泵站调水总量分时优化模型，通过该模型可以得到不同时段的调水流量最优分配。

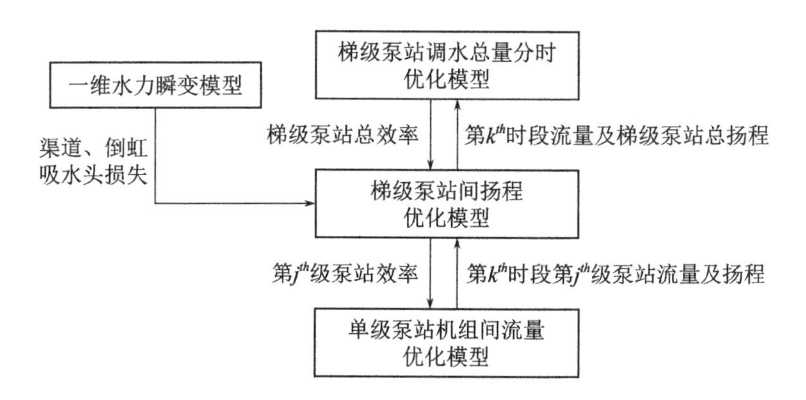

图 5－1 梯级泵站调水工程日优化调度模型分解协调模型的三层结构图

5.1.1 单级泵站机组间流量优化分配模型

5.1.1.1 目标函数

第一层模型的目标是在单级泵站中分配各机组的流量，使其在满足各种等式、不等式约束下总效率最大化。具体的，包含 n 个机组的单级泵站的目标函数如下：

$$\eta_{\text{pumpstation\_max}_j}=\frac{Q_{\text{total}_k}H_j}{\sum_{i=1}^{n}\frac{Q_iH_j}{\eta_i}} \tag{5-1}$$

式中：$\eta_{\text{pumpstation\_max}_j}$ 为第 j 级泵站在流量 Q_{total_k}、扬程 H_j 下的总效率；Q_{total_k} 为第 k 时段的泵站总流量；H_j 为第 j 级泵站的扬程；Q_i 和 η_i 分别为第 j 级泵站的第 i 个机组的流量与效率。

5.1.1.2 约束条件

（1）流量平衡约束：

$$Q_{\text{total}_k}=\sum_{i=1}^{n}Q_i \tag{5-2}$$

（2）单泵运行范围约束：

$$Q_{i,\min}\leqslant Q_i\leqslant Q_{i,\max} \tag{5-3}$$

式中：$Q_{i,\min}$，$Q_{i,\max}$ 分别为第 i 台机组对应允许通过的最小、最大流量。

5.1.2 梯级泵站间扬程优化分配模型

5.1.2.1 目标函数

第二层模型的目标是在满足各种等式、不等式约束的同时，实现梯级泵站间扬程最优分配，以最大化梯级泵站总效率。具体的，对于 m 级梯级泵站的目标函数为

$$\eta_{\text{cascade\_pumpstation\_max}k}=\frac{Q_{\text{total}_k}H_{\text{total}}}{\sum_{j=1}^{m}\frac{Q_{\text{total}_k}H_j}{\eta_{\text{pumpstation\_max}_j}}} \tag{5-4}$$

式中：$\eta_{cascade\_pumpstation\_max k}$ 为第 k 时段梯级泵站在流量 Q_{total_k}、总扬程 H_{total} 下的总效率；H_{total} 为梯级泵站的总扬程；$\eta_{pumpstation\_max_j}$ 为第 j 级泵站的最大效率。

5.1.2.2 约束条件

（1）水力平衡约束：

$$H_{total} = Z_{out_m} - Z_{in_1} \tag{5-5}$$

$$\sum_{j=1}^{m} H_j = H_{total} + \sum_{j=1}^{m-1} h_{j,j+1} \tag{5-6}$$

（2）单级泵站扬程约束：

$$H_{j_{min}} \leqslant H_j \leqslant H_{j_{max}} \tag{5-7}$$

（3）泵站前池水位约束：

$$Z_{in_{j,min}} \leqslant Z_{in_j} \leqslant Z_{in_{j,max}} \tag{5-8}$$

（4）泵站出水池水位约束：

$$Z_{out_{j,min}} \leqslant Z_{out_j} \leqslant Z_{out_{j,max}} \tag{5-9}$$

式中：Z_{out_m}，Z_{in_1} 分别为最后一级泵站出水池水位与第一级泵站进水池水位；$h_{j,j+1}$ 为第 j 级泵站与第 $j+1$ 级泵站间渠道的水头损失，由第 3 章模型计算的稳态推得；$H_{j_{min}}$，$H_{j_{max}}$ 分别为第 j 级泵站的最小、最大扬程；$Z_{in_{j,min}}$，$Z_{in_{j,max}}$ 分别为第 j 级泵站进水池允许最低、最高运行水位；$Z_{out_{j,min}}$，$Z_{out_{j,max}}$ 分别为第 j 级泵站出水池允许最低、最高运行水位。

5.1.3 梯级泵站调水总量分时优化模型

5.1.3.1 目标函数

第三层模型的目标是在满足各种等式和不等式约束的同时，优化一天中不同时段的流量，使梯级泵站日运行费用最小化。根据分时电价，具体的，假定一天包含 T 个时段的目标函数如下：

$$F_{min} = \sum_{k=1}^{T} \frac{\gamma Q_{total_k} H_{total}}{\eta_{cascade\_pumpstation\_max_k}} \Delta t_k c_k \tag{5-10}$$

式中：F_{min} 为梯级泵站日运行最小费用；Δt_k，c_k 分别为 k 时段的时长与电价；γ 为常数，取 9.81kN/m^3；$\eta_{cascade\_pumpstation\_max k}$ 为相应于 k 时段在 Q_{total_k} 和 H_{total} 下的梯级泵站最优效率。

5.1.3.2 约束条件

日调水总量约束条件为

$$W=\sum_{k=1}^{T} Q_{total_k} \Delta t_k \tag{5-11}$$

式中：W 为日调水总量。

5.2 梯级泵站日优化调度模型求解算法及改进

5.2.1 灰狼算法

GWO 算法是通过模仿狼群中的等级制度与猎食策略，提出的一种用于求解非凸工程优化问题的启发式搜索算法。其将种群中计算的目标函数最优的三个值的个体分别标记为 α 狼、β 狼、δ 狼，剩余个体标记为 ω 狼，在寻优过程中，狼群在 α 狼、β 狼、δ 狼的引导下，不断逼近全局最优解。主要步骤包括包围猎物、狩猎、攻击猎物和寻找猎物。

5.2.1.1 包围猎物

$$\vec{D}=|\vec{C}.\vec{X}_p(t)-\vec{X}(t)| \tag{5-12}$$

$$\vec{X}(t+1)=\vec{X}_p(t)-\vec{A}.\vec{D} \tag{5-13}$$

式中：$\vec{D}$ 表示个体（$\vec{X}$）与食物（$\vec{X}_p$）间的距离；t 为当前迭代数；$\vec{A}$ 和 $\vec{C}$ 为参数，由下式计算：

$$\vec{A}=2a\vec{r}_1-a\vec{E} \tag{5-14}$$

$$a=2-\frac{t}{T_{max}} \tag{5-15}$$

$$\vec{C}=2\vec{r}_2 \tag{5-16}$$

式中：a 为收敛因子，其随着迭代次数在区间［2，0］间线性递减；$T_{\max}$ 是最大迭代次数；$\vec{r}_1$ 和 $\vec{r}_2$ 是［0，1］的随机数；$\vec{E}$ 为单位向量。灰狼可以通过这些方程在任意随机位置更新猎物周围空间的位置。

5.2.1.2 狩猎

假设 α 狼、β 狼和 δ 狼对猎物的潜在位置有更好的了解。因此，要求其他搜索代理（ω 狼）根据 α 狼、β 狼和 δ 狼的位置更新其位置，逐渐逼近猎物：

$$\begin{aligned}\vec{D}_\alpha &= |\vec{C}_1.\vec{X}_\alpha-\vec{X}|,\vec{D}_\beta\\ &= |\vec{C}_2.\vec{X}_\beta-\vec{X}|,\vec{D}_\delta\\ &= |\vec{C}_3.\vec{X}_\delta-\vec{X}|\end{aligned} \tag{5-17}$$

$$\begin{aligned}\vec{X}_1 &= \vec{X}_\alpha-\vec{A}_1.\vec{D}_\alpha,\vec{X}_2\\ &= \vec{X}_\beta-\vec{A}_2.\vec{D}_\beta,\vec{X}_3\\ &= \vec{X}_\delta-\vec{A}_3.\vec{D}_\delta\end{aligned} \tag{5-18}$$

$$\vec{X}(t+1)=\frac{\vec{X}_1+\vec{X}_2+\vec{X}_3}{3} \tag{5-19}$$

如果更新位置$[\vec{X}(t+1)]$的任何一维超出了可行的搜索空间，那么该维更新信息就会被抛弃。相反，一个新的位置将被重置为它在对应维度中的边界，如下式所示：

$$\begin{cases}X_{i,j}^{(t+1)}=X_{i,\max}, & X_{i,j}^{(t+1)}>X_{i,\max}\\ X_{i,j}^{(t+1)}=X_{i,\min}, & X_{i,j}^{(t+1)}<X_{i,\min}\\ X_{i,j}^{(t+1)}=X_{i,j}^{(t+1)}, & \text{其他}\end{cases} \tag{5-20}$$

式中：$t+1$ 为当前迭代次数；$X_{i,\max}$ 和 $X_{i,\min}$ 分别为第 i 个搜索代理（灰狼）的第 j 维的最大、最小边界值。

5.2.1.3 搜索猎物和攻击猎物

在 α 狼、β 狼和 δ 狼的引导下，灰狼群对猎物进行搜索和攻击主要通过迭代将向量 a 的值从 2 线性减少到 0 来实现。当 $|\vec{A}|<1$ 时，灰狼群体将包围圈缩小，对猎物进行集中攻击，对应于局部搜索。当 $|\vec{A}|>1$ 时，灰狼的群体扩大搜索范围，寻找更好的食物，对应于全局搜索。此外，参数 $\vec{C}$ 为猎物提供了随机权重，有助于 GWO 算法在整个优化过程中表现出更随机的行为，从而有利于探索、避免局部最优。

5.2.1.4 GWO 算法步骤

GWO 算法的具体计算步骤如下：

(1) 在狼群变量上、下限中，随机初始化灰狼种群位置。

(2) 根据式 (5-20) 对种群中每个狼进行边界处理。

(3) 计算适应度函数，并将对应于最优适应度值的灰狼视为 α 狼、β 狼和 δ 狼。

(4) 根据式 (5-15) 更新系数 a。

(5) 根据式 (5-14) 和式 (5-16) 更新系数 A 和 C。

(6) 根据式 (5-17) ~式 (5-19) 更新当前灰狼所在位置。

(7) 迭代次数加 1，直至大于最大迭代次数，输出 α 狼的位置，否则返回步骤 (2)。

通过对灰狼算法的分析可以发现，灰狼算法对于不可行区域的解置为边界，易陷入边界最优。尤其对于梯级泵站，其边界为渠道、前池等最高、最低运行状态，易造成漫溢、漏底、机组振动、空蚀等事故，陷入边界最优会使得寻求的最优运行方案不符合实际运行需求。此外，不可行区域的解也会增加不必要的目标函数评估，使问题复杂化，影响算法的性能[179]。因此，考虑其特点对 GWO 算法进行了改进。

5.2.2 改进的灰狼算法

针对上述灰狼算法的特点，提出了一种基于两种边界处理策略

（即防止灰狼到达不可行搜索空间和采用显式机制修复不可行搜索空间的解）的自适应改进灰狼优化算法 IAGWO。在 IAGWO 中，为了提高 GWO 的搜索能力，找到符合实际需求的较优解，进行了两次改进。其中，第一种策略用于改进更新机制，减少不可行区域的解，增加有效搜索率；第二种策略用于避免陷入边界局部最优，导致搜索过程结束时无法找到全局最优解。

5.2.2.1 基于第一种边界处理策略的自适应更新机制

系数 $\vec{A}$ 对于灰狼算法个体的更新机制、全局搜索能力和局部搜索能力具有重要意义。但是，由于 a 在迭代开始时很大，致使很多灰狼落在非可行搜索空间，后被重置为边界值，这可能会导致在边界处陷入局部最优。然而，对于梯级泵站而言，在边界处运行往往是危险的。受防止解到达不可行搜索空间的边界处理策略启发，对系数 $\vec{A}$ 进行了修改以改进其个体更新机制，得到改进的 AGWO 算法。修改后的系数可以防止灰狼离开可行区域，从而提高了最优解的有效搜索和收敛精度。

改进的系数 $\vec{A}$ 计算如下：

$$R_{\mathrm{up}}=\begin{cases}1, & \dfrac{X_p-lb}{D}\geqslant 1\\ \dfrac{X_p-lb}{D}, & \dfrac{X_p-lb}{D}<1\end{cases} \tag{5-21}$$

$$R_{\mathrm{low}}=\begin{cases}-1, & \dfrac{X_p-ub}{D}\leqslant -1\\ \dfrac{X_p-ub}{D}, & \dfrac{X_p-ub}{D}>-1\end{cases} \tag{5-22}$$

$$A=a[r_1(R_{\mathrm{up}}-R_{\mathrm{low}})+R_{\mathrm{low}}] \tag{5-23}$$

式中：D 为猎物位置（X_p）与灰狼位置（X）之间的距离；lb 是下界；ub 是上界。

图 5-2 以二维搜索空间为例，表明了灰狼如何更新其位置，且新

位置几乎位于可行域内。考虑到随机权重（$\vec{C}$），猎物的位置（$\vec{C}\cdot\vec{X}_p$）是矩形 $qpou$ 中的一个随机位置。根据 $\vec{X}_p$，$\vec{D}$ 和 $\vec{a}$，由 GWO 计算的灰狼的新位置 $\vec{X}(t+1)$ 为矩形 $abcd$ 中的位置之一，而由 AGWO 计算的灰狼的新位置是矩形 $ebgf$ 中的位置之一。

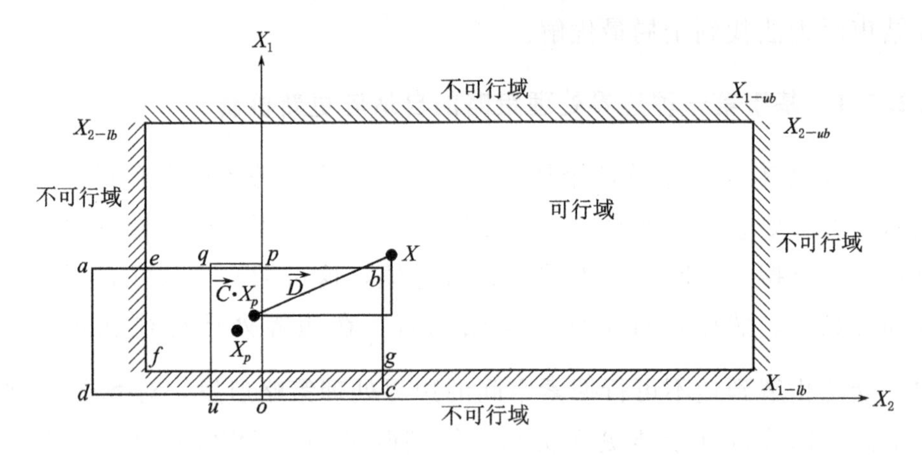

图 5-2 二维搜索空间内灰狼更新位置图

全局搜索与局部搜索的转换取决于系数 $\vec{A}$。在 GWO 算法中，随着 $\vec{A}$ 的减小，迭代过程中一半（$|A|\geqslant1$）用于全局搜索，灰狼的群体扩大搜索范围，搜索猎物；一半（$|A|<1$）用于局部搜索，灰狼群体将包围圈缩小，攻击猎物。在改进的 AGWO 算法中，修改的参数 $\vec{A}$ 可以自适应的平衡全局和局部搜索，同时可以增加有效的搜索。随着 $\vec{A}$ 的减小，迭代次数的 $\frac{R_{\text{up}}-R_{\text{low}}-1}{R_{\text{up}}-R_{\text{low}}}$ 和 $\frac{1}{R_{\text{up}}-R_{\text{low}}}$ 分别用于全局搜索和局部搜索。

5.2.2.2 逆抛物线分布边界处理法的应用

逆抛物线分布边界处理法是粒子群优化算法中鲁棒性最好的约束处理方法之一[180]，将其应用于 GWO 算法中的不等式约束处理，并在 AGWO 算法的基础上，得到改进的 IAGWO 算法。通常，对于多

维的优化变量，可能出现违反多个边界的情况。图 5－3 以违反两个边界为例说明了逆抛物线分布的边界处理法。

在图 5－3 所示的情况，X_2 的上界（X_{2-ub}）和 X_1 的下界（X_{1-lb}）与 X_{orig}（灰狼的原始位置）和 X_c（更新后的灰狼位置）的连接线有两个交叉点。选择最接近 X_{orig} 的交点为 X_1。

$$|X_1| = \max[d_1, d_2, \cdots, d_i, \cdots, d_n] \tag{5-24}$$

式中：$|X_1|$ 为 X_1 与 X_c 之间的距离；n 为越界的个数；d_i 为 X_c 和其中一个交点之间的距离。

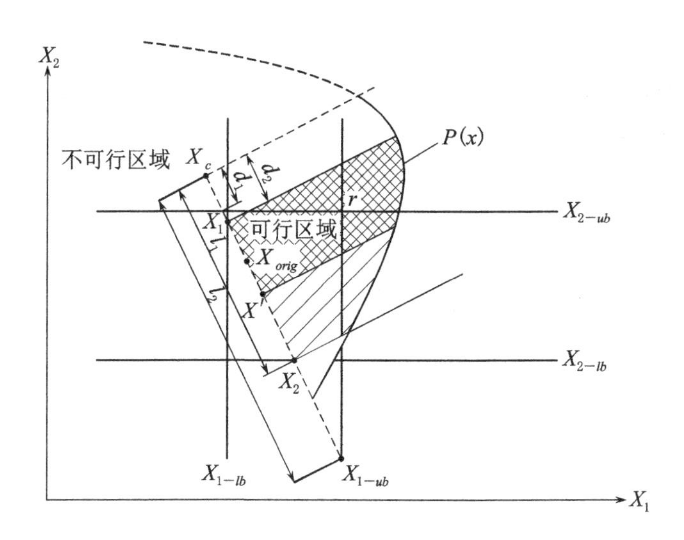

图 5－3 逆抛物线法边界处理示意图

同样的，X_2 的下界（X_{2-lb}）和 X_1 的上界（X_{1-ub}）与 X_{orig} 和 X_c 连线的延长线有相同数量的交点。类似地，选择最接近 X_{orig} 的交点为 X_2。

$$|X_2| = \min[l_1, l_2, \cdots, l_i, \cdots, l_n] \tag{5-25}$$

式中：$|X_2|$ 为 X_2 与 X_c 之间的距离；l_i 为 X_c 和其中一个交点之间的距离。

为了重新更新灰狼新的位置 X'，使其位于 X_1 与 X_2 之间，逆抛物线分布法将把灰狼位置重置于可行区域内，同时保持灰狼的多样性：

$$\int_{|X_1|}^{|X_2|} \frac{a}{(x-|X_1|)^2+\alpha^2|X_1|^2}\mathrm{d}x = p_1 \tag{5-26}$$

式中：α 为用户定义的参数。由图 5-3 可知，所提出的概率密度函数在 X_1 处有一个峰值。α 值越小，其峰值越大（在本研究中取 $\alpha=1.2$）。分布常数 a 的计算是通过将累积概率等于 1 来完成的。约束为从 X_c 至无穷。

$$a=\frac{\alpha^2|X_1|^2}{\frac{\pi}{2}+\tan^{-1}\frac{1}{\alpha}} \tag{5-27}$$

然后，将概率分布函数重构为

$$P_1(x)=\frac{a}{p_1[(x-|X_1|)^2+\alpha^2|X_1|^2]}, \qquad |X_1|\leqslant x\leqslant |X_2| \tag{5-28}$$

设 X' 为采样位置，r 为 [0，1] 中的均匀分布随机数，则 X_c 与新向量位置 X' 的距离（$|X'|$）为

$$r=\int_{|X_1|}^{|X'|} \frac{a}{p_1[(x-|X_1|)^2+\alpha^2|X_1|^2]}\mathrm{d}x \tag{5-29}$$

$$|X'|=|X_1|+\alpha|X_1|\tan\left[r\tan^{-1}\left(\frac{|X_2|-|X_1|}{\alpha|X_1|}\right)\right] \tag{5-30}$$

$|X'|$ 计算出来后，则新的向量位置 X' 将很容易确定。

5.2.2.3 改进灰狼算法的基准函数验证

1. 基准函数

为了验证 IAGWO 的性能，将 IAGWO 应用于 23 个基准函数[158]的最小化，并将其结果与 PSO、GSA、FEP[158]、CS 以及改进的 EGWO、AGWO[157] 进行比较。其中，基准函数 F1 到 F7 为单峰函数；F8～F13 为多模态函数；F14～F23 为定维多模态函数。在所有情况下，搜索代理数为 30，最大迭代次数为 500，每个基准函数运行 30 次。

2. 验证

为了分析第一个策略的效果，还展示了改进后的 AGWO 的计算

结果。由表 5-1～表 5-3 可知，提出的 IAGWO 与 AGWO 算法和 AGWO[157]、FEP[158]、GSA[158]、PSO[158]、GWO[158]、EGWO[157]、CS 算法[157] 分别在 23 个基准函数中有 7、8、7、6、5、4、3、2、2 个函数的最优解。该结果表明，所提出的 IAGWO 和 AGWO 算法在多模态基准函数上优于其他算法，在单模态基准函数上具有一定的竞争力。此外，与所提 AGWO 相比，IAGWO 在 23 个基准函数中有 16 个函数的最优解，表明第二边界处理策略可进一步提高搜索能力，避免陷入局部最优。

采用双样本 t 检验[181-182]，将 IAGWO 和 AGWO 算法与其他算法（PSO、GSA、FEP、CS 和改进的 EGWO、AGWO[157]）进行比较。其中，P 值小于 0.05 具有统计学意义。表 5-1～表 5-3 中，“1”表示 IAGWO 或 AGWO 明显较好；“0”表示无差异；而“－1”表示 IAGWO 或 AGWO 明显较差。在研究的 161 个函数中，AGWO 算法与其他算法相比，84 个函数性能较好，44 个函数性能相近，33 个函数性能较差；IAGWO 算法则是 85 个函数中性能较好，在 45 个函数中性能相近，在 31 个函数中性能较差。并将提出的 IAGWO 与 AGWO 和 GWO、PSO 算法在 2 个单模态基准函数、2 个多模态基准函数和 2 个定维多模态基准函数上的收敛性进行了比较，如图 5-4 所示。结果表明，所提出的 IAGWO 和 AGWO 算法具有较好的性能。分析其原因，主要是由于 AGWO 可以对搜索区域进行广泛的探索，而 IAGWO 可以给出有前景的搜索区域，而不是陷入边界局部最优。

此外，为进一步验证 AGWO 可广泛探索可行域，用二维的包含 40 个搜索代理、最大迭代次数为 100 的 F17 函数来说明灰狼在搜索过程 9 个阶段的分布位置，其对比结果分别如图 5-5 和图 5-6 所示。对比图 5-5 和图 5-6，AGWO 算法在更新迭代中灰狼在不可行区域的比例远低于 GWO，且部分在 GWO 算法更新迭代中越界的灰狼在 AGWO 算法中用于最优解的搜索。具体的，在每个基准函数中，灰狼在更新迭代中出现在不可行区域的百分比，见表 5-4～表 5-6。显然，灰狼越界的比例下降了 19.61%～99.41%，其中除 F16 函数下降 19.61%外，大多数基准函数越界下降比例为 64.92%～99.41%。

表 5-1　单峰基准函数计算结果表

函数名	指　标	IAGWO	AGWO	AGWO[157]	EGWO	GWO	PSO	GSA	FEP	CS
F1	平均值	3.51E−28	2.55E−28	6.69E−44	1.30E−30	1.27E−27	1.36E−04	2.53E−16	5.70E−04	5.78E−03
	标准差	3.85E−28	2.48E−28	1.33E−43	3.92E−30	3.11E−27	2.02E−04	9.67E−17	1.30E−04	2.41E−03
	AGWO VS 其他算法 t−stat t−test			5.55　−1	5.53　−1	−1.75　0	−3.63　1	−14.09　1	−23.61　1	−12.92　1
	IAGWO VS 其他算法 t−stat t−test		1.12　0	4.90　−1	4.89　−1	−1.58　0	−3.63　1	−14.09　1	−23.61　1	−12.92　1
F2	平均值	5.32E−17	7.33E−17	8.25E−27	9.27E−20	8.52E−17	4.20E−02	5.60E−02	8.10E−03	2.08E−01
	标准差	4.84E−17	4.77E−17	9.41E−27	1.26E−19	6.62E−17	4.50E−02	1.94E−01	7.70E−04	3.20E−02
	AGWO VS 其他算法 t−stat t−test			8.27　−1	8.26　−1	−0.79　0	−5.00　1	−1.54　0	−56.65　1	−35.34　1
	IAGWO VS 其他算法 t−stat t−test		−1.59　0	5.92　−1	5.91　−1	−2.10　1	−5.00　1	−1.54　0	−56.65　1	−35.34　1
F3	平均值	4.04E−06	2.32E−06	2.98E−08	4.68E−04	2.43E−05	7.01E+01	8.97E+02	1.60E−02	2.63E−01
	标准差	1.63E−05	3.61E−06	1.08E−07	2.20E−03	8.14E−05	2.21E+01	3.19E+02	1.40E−02	3.00E−02
	AGWO VS 其他算法 t−stat t−test			3.42　−1	−1.14　0	−1.45　0	−17.07　1	−15.14　1	−6.15　1	−47.69　1
	IAGWO VS 其他算法 t−stat t−test		0.56　0	1.33　0	−1.14　0	−1.31　0	−17.07　1	−15.14　1	−6.15　1	−47.69　1

续表

函数名	指　标	IAGWO	AGWO	AGWO[157]	EGWO	GWO	PSO	GSA	FEP	CS
F4	平均值	4.43E−07	4.95E−07	1.25E−10	1.43E−01	7.69E−07	1.09E+00	7.36E+00	3.00E−01	1.43E−05
	标准差	4.35E−07	4.15E−07	5.70E−10	6.17E−01	6.51E−07	3.17E−01	1.74E+00	5.00E−01	4.83E−06
	AGWO VS 其他算法 t-stat t-test			6.42　−1	−1.25　0	−1.91　0	−18.46　1	−22.74　1	−3.23　1	−15.34　1
	IAGWO VS 其他算法 t-stat t-test		−0.47　0	5.48　−1	−1.25　0	−2.24　1	−18.46　1	−22.74　1	−3.23　1	−15.39　1
F5	平均值	27.13	26.65	26.97	27.78	27.18	96.72	67.54	5.06	0.01
	标准差	0.57	0.47	0.70	0.91	0.81	60.12	62.23	5.87	0.05
	AGWO VS 其他算法 t-stat t-test			−2.05　1	−5.98　1	−3.05　1	−6.28　1	−3.54　1	19.74　−1	305.67　−1
	IAGWO VS 其他算法 t-stat t-test		3.49　−1	0.96　0	−3.28　1	−0.29　0	−6.23　1	−3.50　1	20.15　−1	253.60　−1
F6	平均值	0.53	0.55	1.44	3.14	0.71	1.02E−04	2.50E−16	0.00	6.17E−04
	标准差	0.29	0.27	0.33	0.61	0.36	8.28E−05	1.74E−16	0.00	2.80E−05
	AGWO VS 其他算法 t-stat t-test			−11.11　1	−20.83　1	−1.85　0	10.87　−1	10.87　−1	10.87　−1	10.86　−1
	IAGWO VS 其他算法 t-stat t-test		−0.26　0	−11.04　1	−20.74　1	−2.03　0	9.79　−1	9.80　−1	9.80　−1	9.79　−1

续表

函数名	指 标	IAGWO	AGWO	AGWO[157]	EGWO	GWO	PSO	GSA	FEP	CS
F7	平均值	1.44E−03	1.33E−03	1.42E−03	5.73E−03	1.72E−03	1.23E−01	8.90E−02	1.42E−01	2.90E−02
	标准差	1.03E−03	6.09E−04	8.21E−04	3.10E−03	1.10E−03	4.50E−02	4.30E−02	3.52E−01	1.28E−03
	AGWO VS 其他算法 t－stat t－test			−0.46 0	−7.50 1	−1.66 0	−14.56 1	−10.93 1	−2.14 1	−103.59 1
	IAGWO VS 其他算法 t－stat t－test		0.49 0	0.09 0	−7.07 1	−1.00 0	−14.54 1	−10.92 1	−2.14 1	−88.88 1
最优解	IAGWO VS 其他算法（AGWO VS 其他算法）	0/7	1/7	5/7 (4/7)	0/7 (0/7)	0/7 (0/7)	0/7 (0/7)	0/7 (0/7)	1/7 (1/7)	1/7 (1/7)
明显较好	IAGWO VS 其他算法（AGWO VS 其他算法）		0/7	1/7 (1/7)	3/7 (3/7)	1/7 (2/7)	6/7 (6/7)	5/7 (5/7)	5/7 (5/7)	5/7 (5/7)
无差异	IAGWO VS 其他算法（AGWO VS 其他算法）		6/7	3/7 (2/7)	2/7 (2/7)	6/7 (5/7)	0/7 (0/7)	1/7 (1/7)	0/7 (0/7)	0/7 (0/7)
明显较差	IAGWO VS 其他算法（AGWO VS 其他算法）		1/7	3/7 (4/7)	2/7 (2/7)	0/7 (0/7)	1/7 (1/7)	1/7 (1/7)	2/7 (2/7)	2/7 (2/7)

表 5-2 多模态基准函数计算结果

函数名	指　标	IAGWO	AGWO	AGWO[157]	EGWO	GWO	PSO	GSA	FEP	CS
F8	平均值	−3967.96	−3752.74	−3633.36	−6511.19	−6101.59	−4841.29	−2821.07	−12554.50	−2128.91
	标准差	848.92	981.73	442.58	786.85	782.80	1152.81	493.04	52.60	0.01
	AGWO VS 其他算法 t-stat t-test			−0.60　0	11.81　−1	10.07　−1	3.87　−1	−4.57　1	48.21　−1	−8.91　1
	IAGWO VS 其他算法 t-stat t-test		−0.89　0	−1.88　0	11.83　−1	9.95　−1	3.29　−1	−6.29　1	54.37　−1	−11.67　1
F9	平均值	0.59	1.44	0.91	145.78	2.44	46.70	25.97	0.05	0.25
	标准差	0.99	1.96	5.01	39.44	2.87	11.63	7.47	0.01	1.80E−03
	AGWO VS 其他算法 t-stat t-test			0.53　0	−19.69　1	−1.55　0	−20.67　1	−17.10　1	3.84　−1	3.29　−1
	IAGWO VS 其他算法 t-stat t-test		−2.10　1	−0.35　0	−19.82　1	−3.30　1	−21.28　1	−18.14　1	2.95　−1	1.86　0
F10	平均值	9.22E−14	9.79E−14	1.93E−15	3.40E−13	1.06E−13	2.76E−01	6.20E−02	1.80E−02	4.01E−10
	标准差	1.48E−14	1.98E−14	2.55E−15	1.76E−12	7.80E−02	5.09E−01	2.36E−01	2.00E−03	5.21E−09

续表

函数名	指标	IAGWO	AGWO	AGWO[157]	EGWO	GWO	PSO	GSA	FEP	CS
F10	AGWO VS 其他算法 t - stat t - test			25.89 −1	−0.74 0	0 0	−2.92 1	−1.42 0	−46.16 1	−0.41 0
	IAGWO VS 其他算法 t - stat t - test		−1.24 0	32.33 −1	−0.76 0	0 0	−2.92 1	−1.42 0	−46.16 1	−0.41 0
F11	平均值	3.42E−03	3.81E−03	1.18E−03	0.01	4.49E−03	9.22E−03	27.70	0.02	0.19
	标准差	7.46E−03	0.01	4.50E−03	0.02	6.66E−03	7.72E−03	5.04	0.02	0.04
	AGWO VS 其他算法 t - stat t - test			1.22 0	−1.56 0	−0.29 0	−2.20 1	−29.59 1	−2.68 1	−24.15 1
	IAGWO VS 其他算法 t - stat t - test		−0.16 0	1.39 0	−1.75 0	−0.57 0	−2.91 1	−29.59 1	−2.92 1	−24.65 1
F12	平均值	5.30E−02	3.90E−02	1.02E−01	3.17E+00	5.30E−02	6.92E−03	1.80E+00	9.20E−06	1.26E−02
	标准差	2.60E−02	9.44E−03	3.10E−02	2.87E+00	2.10E−02	2.60E−02	9.51E−01	3.60E−06	4.12E−09
	AGWO VS 其他算法 t - stat t - test			−10.54 1	−5.87 1	−3.51 1	6.10 −1	−9.97 1	21.99 −1	14.82 −1
	IAGWO VS 其他算法 t - stat t - test		2.81 −1	−6.54 1	−5.85 1	−0.06 0	6.71 −1	−9.89 1	10.96 −1	8.37 −1

续表

函数名	指　标	IAGWO	AGWO	AGWO[157]	EGWO	GWO	PSO	GSA	FEP	CS
F13	平均值	0.53	0.60	1.13	2.50	0.65	6.68E−03	8.90	1.60E−04	0.49
	标准差	0.20	0.23	0.22	0.41	0.04	8.91E−03	7.13	7.30E−05	6.85E−08
	AGWO VS 其他算法 t−stat t−test			−9.00　1	−21.94　1	−1.23　0	14.15　−1	−6.27　1	14.31　−1	2.78　−1
	IAGWO VS 其他算法 t−stat t−test		−1.32　0	−11.01　1	−23.51　1	−3.39　1	14.37　−1	−6.32　1	14.57　−1	1.20　0
最优解	IAGWO VS 其他算法（AGWO VS 其他算法）	0/6	0/6	2/6 (2/6)	0/6 (0/6)	0/6 (0/6)	0/6 (0/6)	0/6 (0/6)	4/6 (4/6)	0/6 (0/6)
明显较好	IAGWO VS 其他算法（AGWO VS 其他算法）		1/6	2/6 (2/6)	3/6 (3/6)	2/6 (1/6)	3/6 (3/6)	5/6 (5/6)	2/6 (2/6)	2/6 (2/6)
无差异	IAGWO VS 其他算法（AGWO VS 其他算法）		4/6	3/6 (3/6)	2/6 (2/6)	3/6 (4/6)	0/6 (0/6)	1/6 (1/6)	0/6 (0/6)	3/6 (1/6)
明显较差	IAGWO VS 其他算法（AGWO VS 其他算法）		1/6	1/6 (1/6)	1/6 (1/6)	1/6 (1/6)	3/6 (3/6)	0/6 (0/6)	4/6 (4/6)	1/6 (3/6)

表 5-3 定维多模态基准函数计算结果表

函数名	指　标	IAGWO	AGWO	AGWO[157]	EGWO	GWO	PSO	GSA	FEP	CS
F14	平均值	3.26	5.47	2.00	6.63	4.42	3.63	5.86	1.22	1.42
	标准差	3.31	4.46	2.48	4.66	4.29	2.56	3.83	0.56	0.01
	AGWO VS 其他算法 t-stat t-test			3.33 −1	−0.98 0	0.91 0	1.92 0	−0.36 0	5.08 −1	4.88 −1
	IAGWO VS 其他算法 t-stat t-test		−2.14 1	1.23 0	−3.18 1	−1.16 0	−0.48 0	−2.77 1	3.27 −1	2.98 −1
F15	平均值	3.18E−04	3.31E−04	1.84E−03	1.03E−02	3.37E−04	5.77E−04	3.67E−03	5.00E−04	5.03E−04
	标准差	1.33E−05	6.29E−05	5.00E−03	1.32E−02	6.25E−04	2.22E−04	1.65E−03	3.20E−04	1.11E−04
	AGWO VS 其他算法 t-stat t-test			−1.63 0	−4.07 1	−0.05 0	−5.74 1	−10.92 1	−2.79 1	−7.25 1
	IAGWO VS 其他算法 t-stat t-test		−1.12 0	−1.64 0	−4.07 1	−0.17 0	−6.28 1	−10.97 1	−3.06 1	−8.92 1
F16	平均值	−1.03	−1.03	−1.03	−1.03	−1.03	−1.03	−1.03	−1.03	−1.03
	标准差	1.37E−08	1.62E−08	4.17E−06	5.80E−03	1.76E−08	6.25E−16	4.88E−16	4.90E−07	1.49E−08
	AGWO VS 其他算法 t-stat t-test			−36.72 1	−0.03 0	1.35 0	520.07 −1	520.07 −1	−17886.89 1	−6950.94 1
	IAGWO VS 其他算法 t-stat t-test		0.27 0	−36.72 1	−0.03 0	1.71 0	615.59 −1	615.59 −1	−17889.68 1	−7560.29 1

续表

函数名	指　标	IAGWO	AGWO	AGWO[157]	EGWO	GWO	PSO	GSA	FEP	CS
F17	平均值	0.40	0.40	0.40	0.40	0.40	0.40	0.40	0.40	0.40
	标准差	1.00E−06	7.55E−07	1.39E−05	2.43E−07	1.92E−06	0	0	1.50E−07	3.24E−06
	AGWO VS 其他算法 t-stat t-test			−43.32　1	−13.40　1	−2.01　0	7.31　−1	7.31　−1	−783.18　1	−19.38　1
	IAGWO VS 其他算法 t-stat　t-test		−0.11　0	−43.28　1	−10.47　1	−1.98　0	5.39　−1	5.39　−1	−596.47　1	−19.06　1
F18	平均值	3.00	3.00	3.00	12.90	3.00	3.00	3.00	3.02	3.00
	标准差	1.73E−05	4.93E−05	3.07E−05	2.51E+01	4.20E−05	1.33E−15	4.17E−15	1.10E−01	2.58E−03
	AGWO VS 其他算法 t-stat t-test			3.51　−1	−2.13　1	0.76　0	4.13　−1	4.13　−1	−0.98　0	−2.84　1
	IAGWO VS 其他算法 t-stat　t-test		−2.53　1	2.03　0	−2.13　1	−1.83　0	4.14　−1	4.14　−1	−0.98　0	−2.89　1
F19	平均值	−3.86	−3.86	−3.86	−3.86	−3.86	−3.86	−3.86	−3.86	−3.27
	标准差	1.60E−04	9.95E−04	3.30E−03	1.14E−05	2.71E−03	2.58E−15	2.29E−15	1.40E−05	1.85E−05
	AGWO VS 其他算法 t-stat t-test			−5.30　1	2.22　−1	−2.25　1	2.11　−1	2.11　−1	−12.93　1	−3216.07　1
	IAGWO VS 其他算法 t-stat　t-test		−1.51　0	−5.99　1	4.27　−1	−2.95　1	3.61　−1	3.61　−1	−89.41　1	−19839.26　1

续表

函数名	指 标	IAGWO	AGWO	AGWO[157]	EGWO	GWO	PSO	GSA	FEP	CS
F20	平均值	−3.32	−3.32	−3.19	−3.26	−3.25	−3.27	−3.32	−3.27	−3.32
	标准差	0.00	0.00	0.12	0.09	0.07	0.06	0.02	0.06	0.01
	AGWO VS 其他算法 t−stat t−test			−6.12 1	−4.01 1	−5.11 1	−4.95 1	−0.98 0	−4.74 1	−0.09 0
	IAGWO VS 其他算法 t−stat t−test		−2.83 1	−6.12 1	−4.01 1	−5.11 1	−4.95 1	−0.98 0	−4.75 1	−0.10 0
F21	平均值	−10.15	−10.15	−6.76	−5.22	−9.98	−6.87	−5.96	−5.52	−9.73
	标准差	0.00	0.00	1.76	2.97	0.93	3.02	3.74	1.59	0.29
	AGWO VS 其他算法 t−stat t−test			−10.36 1	−8.95 1	−0.98 0	−5.86 1	−6.05 1	−15.69 1	−7.91 1
	IAGWO VS 其他算法 t−stat t−test		−1.41 0	−10.36 1	−8.95 1	−0.98 0	−5.86 1	−6.05 1	−15.69 1	−7.92 1
F22	平均值	−10.40	−10.40	−7.11	−7.24	−10.22	−8.46	−9.69	−5.53	−9.87
	标准差	0.00	0.00	1.98	3.53	0.97	3.09	2.01	2.12	0.32
	AGWO VS 其他算法 t−stat t−test			−8.94 1	−4.83 1	−0.98 0	−3.39 1	−1.92 0	−12.37 1	−8.88 1
	IAGWO VS 其他算法 t−stat t−test		−1.80 0	−8.94 1	−4.83 1	−0.98 0	−3.39 1	−1.92 0	−12.38 1	−8.89 1

续表

函数名	指　标	IAGWO	AGWO	AGWO[157]	EGWO	GWO	PSO	GSA	FEP	CS
F23	平均值	−10.53	−10.54	−8.13	−7.67	−10.27	−9.95	−10.54	−6.57	−9.78
	标准差	1.00E−03	1.00E−03	1.02	3.64	1.48	1.78	2.60E−15	3.14	0.50
	AGWO VS 其他算法 t－stat t－test			−12.73　1	−4.24　1	−0.98　0	−1.76　0	13.75　−1	−6.80　1	−8.10　1
	IAGWO VS 其他算法 t－stat t－test		0.70　0	−12.73　1	−4.24　1	−0.98　0	−1.76　0	10.48　−1	−6.80　1	−8.10　1
最优解	IAGWO VS 其他算法（AGWO VS 其他算法）	7/10	7/10	1/10 (1/10)	2/10 (2/10)	3/10 (3/10)	4/10 (4/10)	5/10 (5/10)	1/10 (1/10)	1/10 (1/10)
明显较好	IAGWO VS 其他算法（AGWO VS 其他算法）		3/10	7/10 (7/10)	8/10 (7/10)	2/10 (2/10)	4/10 (4/10)	3/10 (3/10)	8/10 (8/10)	8/10 (8/10)
无差异	IAGWO VS 其他算法（AGWO VS 其他算法）		7/10	3/10 (1/10)	1/10 (2/10)	8/10 (8/10)	2/10 (2/10)	5/10 (5/10)	1/10 (1/10)	1/10 (1/10)
明显较差	IAGWO VS 其他算法（AGWO VS 其他算法）		0/10	0/10 (2/10)	1/10 (1/10)	0/10 (0/10)	4/10 (4/10)	2/10 (2/10)	1/10 (1/10)	1/10 (1/10)

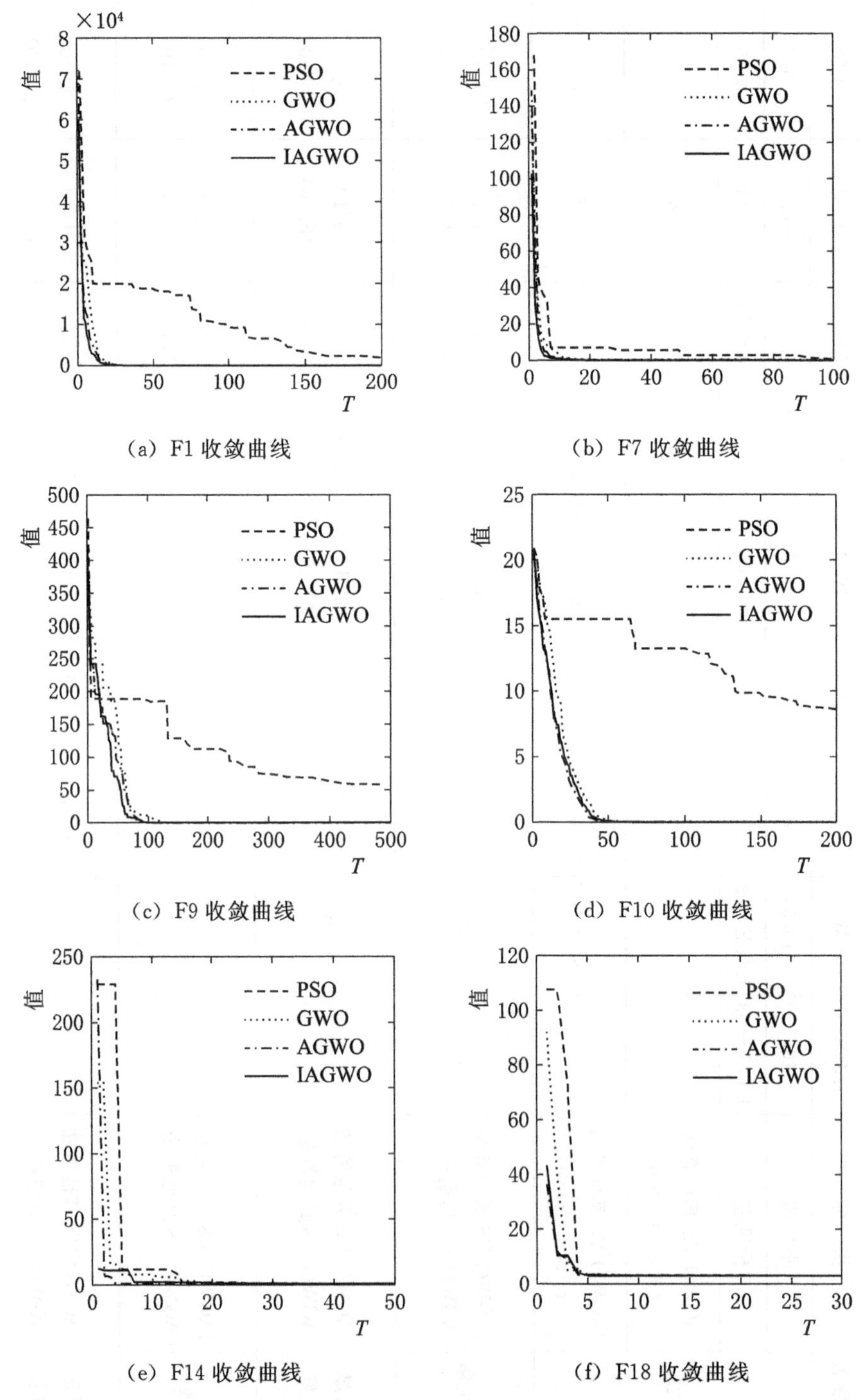

(a) F1 收敛曲线　(b) F7 收敛曲线

(c) F9 收敛曲线　(d) F10 收敛曲线

(e) F14 收敛曲线　(f) F18 收敛曲线

图 5-4　F1、F7、F9、F10、F14、F18 的收敛曲线对比图

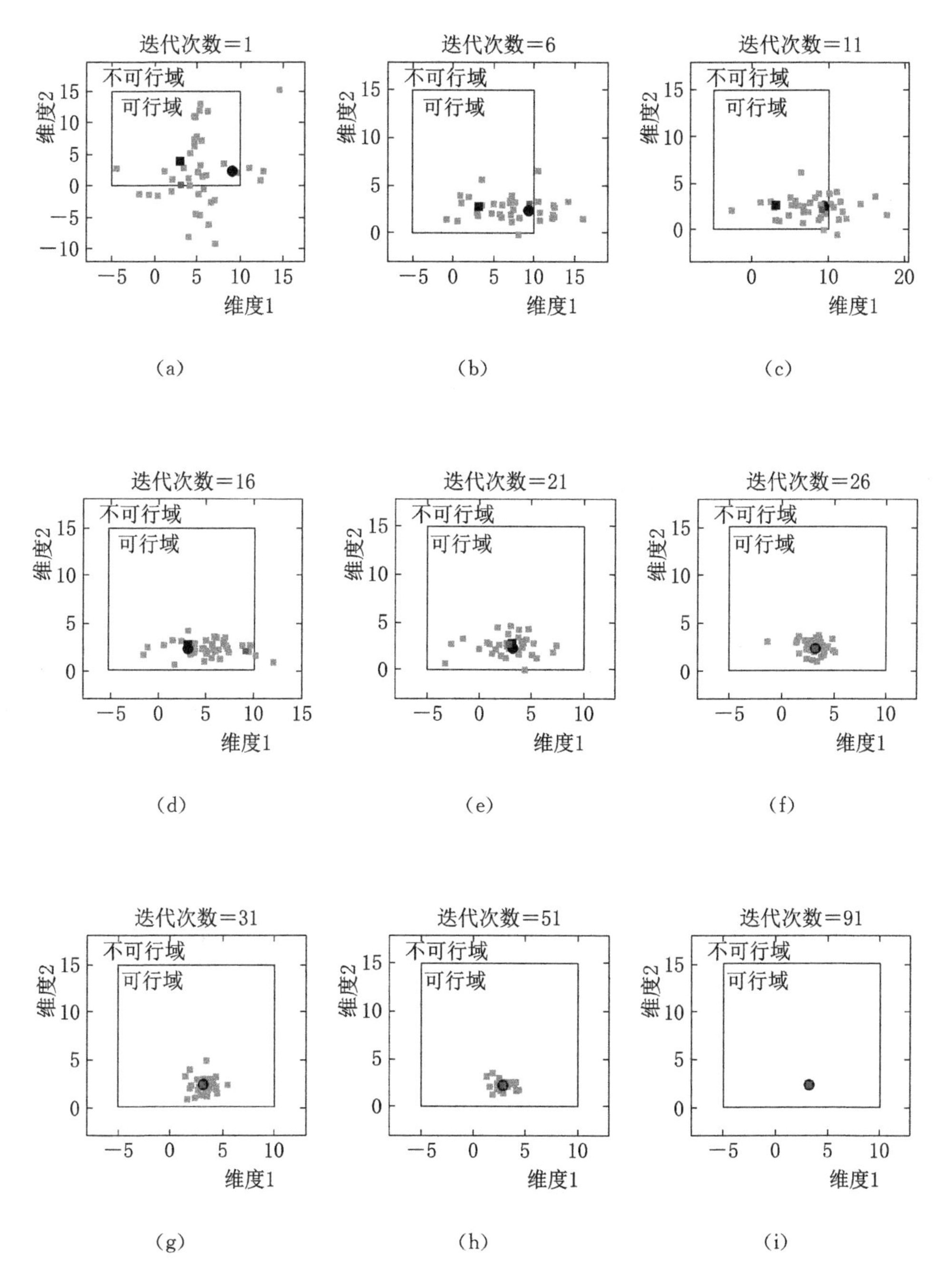

图 5-5　函数 F17 采用 GWO 寻优过程中 9 个阶段对应的灰狼分布位置图

（灰狼种群规模为 40，灰狼个体维数为 2）

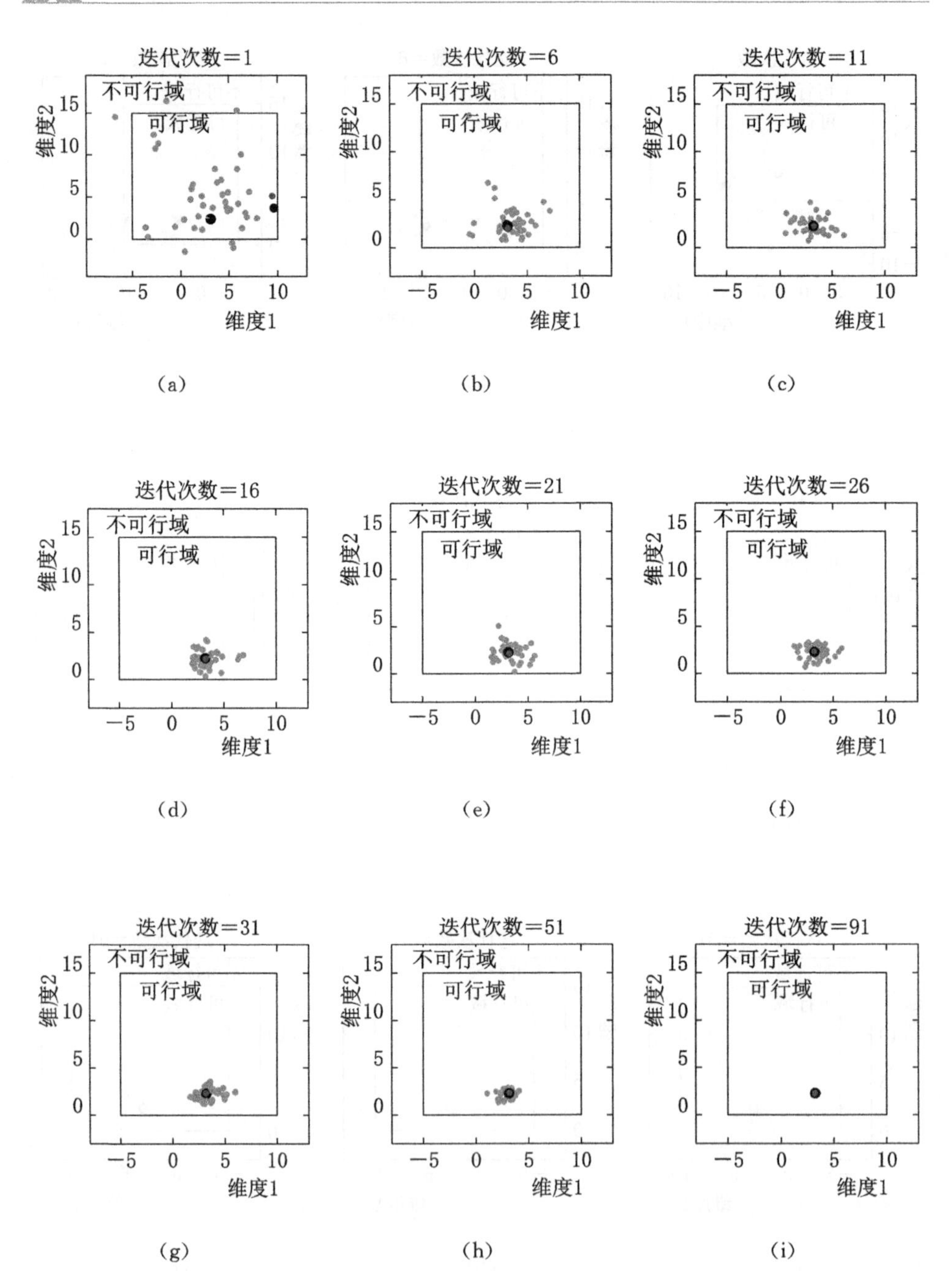

图 5-6 函数 F17 采用 AGWO 寻优过程中
9 个阶段对应的灰狼分布位置图
(灰狼种群规模为 40，灰狼个体维数为 2)

表 5－4　单峰基准函数中位于可行域外灰狼所占的百分比

函数名		GWO			AGWO		
		平均值	最小值	最大值	平均值	最小值	最大值
单峰基准函数	F1	0.05%	0.04%	0.08%	0.01%	0.01%	0.02%
	F2	0.10%	0.07%	0.14%	0.02%	0.01%	0.02%
	F3	0.29%	0.15%	0.56%	0.02%	0.02%	0.03%
	F4	0.10%	0.06%	0.16%	0.02%	0.01%	0.03%
	F5	0.07%	0.05%	0.09%	0.02%	0.01%	0.02%
	F6	0.06%	0.04%	0.09%	0.01%	0.01%	0.02%
	F7	0.06%	0.05%	0.09%	0.02%	0.01%	0.02%

表 5－5　多模态基准函数中位于可行域外灰狼所占的百分比

函数名		GWO			AGWO		
		平均值	最小值	最大值	平均值	最小值	最大值
多模态基准函数	F8	5.49%	3.69%	8.05%	0.11%	0.05%	0.18%
	F9	0.14%	0.08%	0.22%	0.02%	0.02%	0.02%
	F10	0.06%	0.04%	0.09%	0.01%	0.01%	0.02%
	F11	0.05%	0.04%	0.07%	0.01%	0.01%	0.02%
	F12	0.06%	0.05%	0.08%	0.01%	0.01%	0.02%
	F13	0.06%	0.05%	0.07%	0.01%	0.01%	0.02%

表 5－6　定维多模态基准函数中位于可行域外灰狼所占的百分比

函数名		GWO			AGWO		
		平均值	最小值	最大值	平均值	最小值	最大值
定维多模态基准函数	F14	0.15%	0.07%	0.24%	0.05%	0.02%	0.09%
	F15	6.49%	0.04%	25.06%	0.04%	0.01%	0.09%
	F16	0.01%	0.00%	0.03%	0.01%	0.00%	0.02%
	F17	3.96%	0.19%	15.87%	0.15%	0.05%	0.76%
	F18	0.19%	0.15%	0.25%	0.06%	0.03%	0.09%

续表

函数名		GWO			AGWO		
		平均值	最小值	最大值	平均值	最小值	最大值
定维多模态基准函数	F19	6.48%	6.02%	7.22%	0.41%	0.35%	0.46%
	F20	3.57%	0.90%	9.39%	0.23%	0.17%	0.34%
	F21	0.80%	0.41%	4.04%	0.20%	0.12%	0.30%
	F22	0.52%	0.37%	1.20%	0.17%	0.14%	0.23%
	F23	0.53%	0.38%	0.98%	0.16%	0.12%	0.25%

5.3 基于改进灰狼算法的梯级泵站日优化调度模型求解

本节详细介绍了 AGWO 和 IAGWO 求解梯级泵站日优化调度运行问题的步骤。

其中，由于调水总量分时优化调度模型决策变量数量较少且重复率高，因此，采用动态规划法（DP）对其进行优化，而单级泵站流量优化分配以及梯级泵站扬程优化分配模型均分别采用 IAGWO 和 AGWO 算法进行优化。基于提出的 IAGWO 和 AGWO 算法进行梯级泵站日优化调度的主要流程包括初始化、约束处理和更新迭代。将改进的更新机制应用于基于 AGWO 和 IAGWO 的梯级泵站日优化调度运行的更新迭代。

5.3.1 基于改进灰狼算法的梯级泵站优化调度个体结构及初始化

对于单级泵站流量分配模型，决策变量为单级泵站各泵的流量。决策变量向量描述如下：

$$Q=[Q_1,Q_2,\cdots,Q_i,\cdots,Q_n] \tag{5-31}$$

对于梯级泵站扬程分配模型，决策变量为各单级泵站的扬程。决策变量向量描述如下：

$$H=[Z_{\mathrm{in}_2},\cdots,Z_{\mathrm{in}_j},\cdots,Z_{\mathrm{in}_m},Z_{\mathrm{out}_1},$$
$$Z_{\mathrm{out}_2},\cdots,Z_{\mathrm{out}_j},\cdots,Z_{\mathrm{out}_{m-1}}] \tag{5-32}$$

初始化即个体的各维在对应的最大值和最小值之间随机产生。例如，Q_i 在 $Q_{i_{\max}}$ 和 $Q_{i_{\min}}$ 之间随机生成；Z_{in_j} 在 $Z_{\mathrm{in}_{j\_\max}}$ 和 $Z_{\mathrm{in}_{j\_\min}}$ 之间随机生成。通常，这些新生成的个体不满足所有约束，需使用约束处理方法进行修正，下一节将对此进行描述。

5.3.2 基于改进灰狼算法的梯级泵站优化调度约束处理

梯级泵站日优化调度运行存在许多等式和不等式约束，处理这些约束是有效求解梯级泵站日优化调度模型的关键。约束处理流程图如图 5-7 所示。

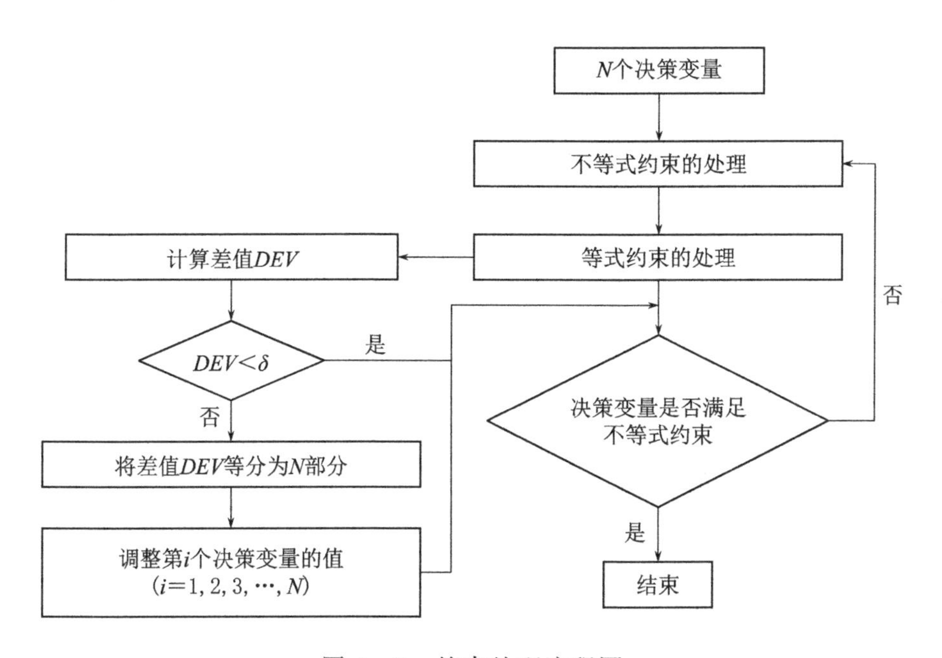

图 5-7 约束处理流程图

在提出的 AGWO 中，不等式约束易于处理，超出边界的值可以简单地设置为等于边界，这与 GWO 等算法相同。在 IAGWO 算法中，边界的处理采用逆抛物线分布边界处理法。而等式约束的处理相对较为困难，包括单级泵站流量优化分配模型中的流量平衡约束

［式(5－2)］和梯级泵站扬程优化分配模型中的水力平衡约束［式(5－5)］。在本章中，对于所有算法，均采用 Tian 等[183] 提出的策略来处理等式约束。首先，计算等式约束［式(5－2)］两边的差值 DEV_Q。

$$DEV_Q = Q_{\text{total}_k} - \sum_{i=1}^{n} Q_i \tag{5-33}$$

然后，将差值分成 n 部分以调整流量。

$$MDEV_Q = DEV_Q / n \tag{5-34}$$

$$Q_i = Q_i + MDEV_Q \tag{5-35}$$

下一步，确定新产生的 Q_i 是否违反边界条件。如果是，则再次处理不等式和等式约束，直到 $DEV_Q < \delta_Q$ 以及不等式约束完全满足，其中 δ_Q 远小于 Q_i。

处理水力平衡约束的策略与处理流量平衡约束的策略相似，描述如下：

第一步：计算差值 DEV_H。

$$DEV_H = H_{\text{total}} - \left(Z_{\text{out}_m} - Z_{\text{in}_1} + \sum_{j=1}^{m-1} h_{j,j+1}\right) \tag{5-36}$$

第二步：将差值划分为 2(m－1)部分。

$$MDEV_H = \frac{DEV_H}{2(m-1)} \tag{5-37}$$

第三步：调整第 j^{th} 泵站前池和出水池水位。

$$\begin{cases} Z_{\text{out}_j} = Z_{\text{out}_j} + MDEV_H \\ Z_{\text{in}_j} = Z_{\text{in}_j} - MDEV_H \end{cases} \tag{5-38}$$

第四步：确定新的 Z_{in_j}，Z_{out_j} 是否违反边界条件。如果是，则再次处理不等式和等式约束，直到 $DEV_H < \delta_H$ 以及不等式约束完全满足，且其中 δ_H 远小于水位范围。

5.3.3 基于 DP 算法的梯级泵站调水总量分时优化

采用 DP 算法对调水总量分时优化分配模型进行优化，决策变量为各时段的梯级泵站流量。其中，需确定可行区域内流量的离散步长，以及对于等式约束的处理同样至关重要。梯级泵站日调水总量平衡约束与时间有关，是一个时空耦合问题。当日需调水量确定时，某一时段流量的可行域会因其他时段流量的不同而变化。为此，提出了动态调整不同时段流量可行域的策略，以减少不必要的搜索，具体步骤如下：

第一步：根据步长对第一个时段的变量范围进行离散。

第二步：根据第一个时段的离散变量值和其他时段的最大变量值，确定第二个时段的最小变量值［式(5-39)］，然后确定第二个时段的变量范围。其次，根据步长对第二时段的变量范围进行离散化。

第三步：根据第一、第二时段的离散变量值和其他时段的最大变量值，确定第三时段的最小变量值［式(5-39)］，然后确定第三时段的变量范围。其次，根据步长对第三时段的变量范围进行离散化。重复上述步骤，直到确定 $T-1^{\mathrm{th}}$ 时段的最小变量值和变量范围，并离散 $T-1^{\mathrm{th}}$ 时段的变量范围。

第四步：最后一个时段的变量值由式（5-40）计算。

$$Q'_{\mathrm{total}_{k\_\min}}=\frac{W-\sum_{i=1}^{k-1}Q_{\mathrm{total}_i}\Delta t_i-\sum_{j=k+1}^{T}Q_{\mathrm{total}_{j\_\max}}\Delta t_j}{\Delta t_k} \tag{5-39}$$

$$Q_{\mathrm{total}_T}=\frac{W-\sum_{i=1}^{T-1}Q_{\mathrm{total}_i}\Delta t_i}{\Delta t_T} \tag{5-40}$$

5.3.4 基于改进灰狼算法和 DP 算法的梯级泵站日优化调度流程

基于 IAGWO 和 DP 算法的梯级泵站日优化调度流程图如图 5-8 所示。

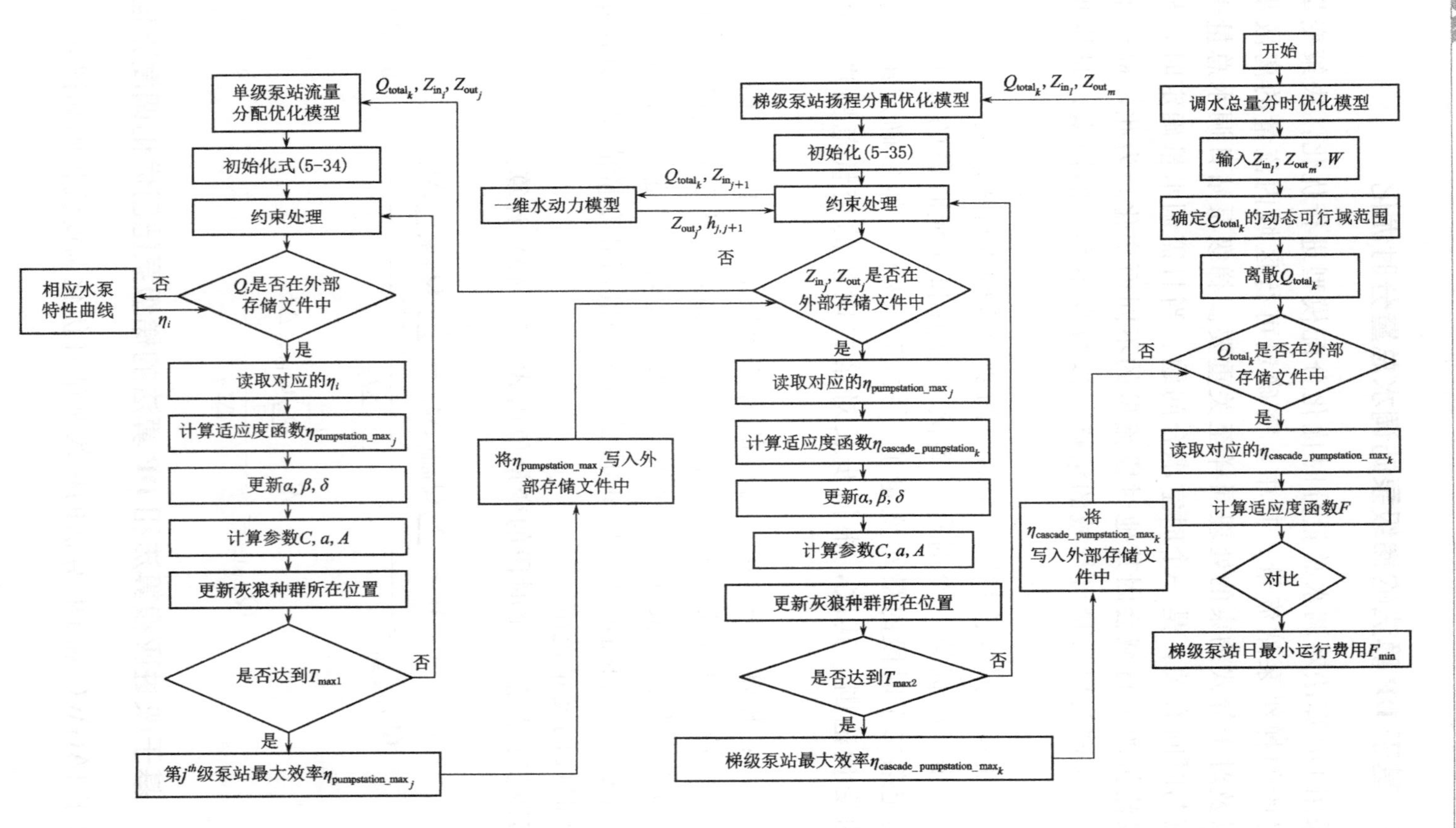

图5-8 基于IAGWO和DP算法的梯级泵站日优化调度流程图

5.4 实 例 研 究

5.4.1 工程概况

本节以一个包含6级泵站的梯级泵站调水系统为例，如图5-9所示。其日调水总量$1.71\times10^6 m^3$；第一级泵站前池水位为48.6m，第六级泵站出水池水位为58.81m，假定在一天内这两个水位为定值。现有运行方案的运行费用为94957.24元/d。每个泵站有4台同类型水泵（3用1备），设计流量$6.67m^3$。各级泵站前池、出水池的最高、最低水位和水泵最大、最小扬程与流量见表5-7；现有运行方案见表5-8；不同时段的电价见表5-9；约束条件的参数见表5-10。

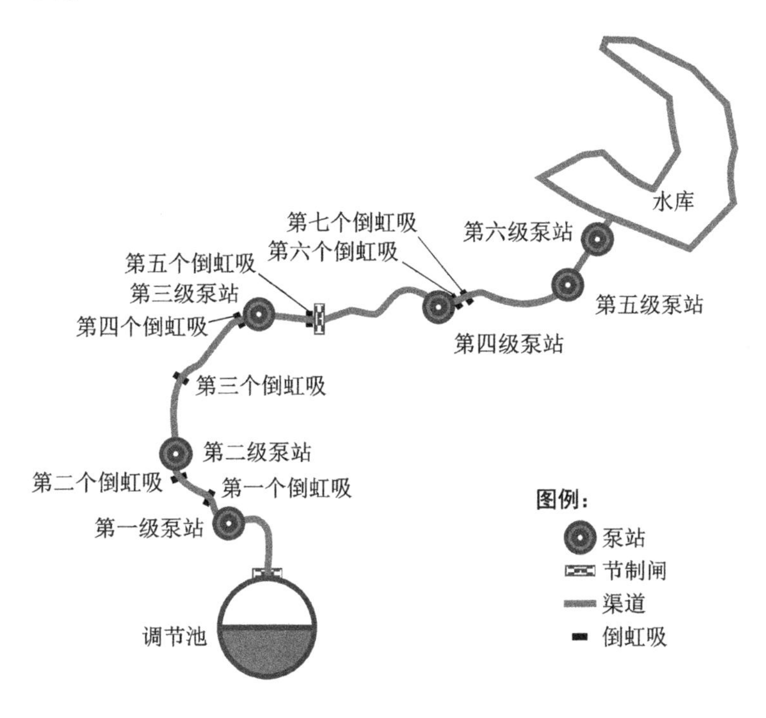

图5-9 包含六级泵站的梯级泵站调水系统平面简图

表 5-7　各级泵站前池、出水池最高、最低水位以及水泵最大、最小扬程和流量表

泵站		1	2	3	4	5	6
扬程	最大值/m	1.50	2.20	2.45	2.21	2.04	8.18
	最小值/m	0.11	1.27	2.06	1.82	1.29	4.31
泵站前池水位	最小值/m	48.38	48.60	49.42	50.53	51.30	51.92
	最大值/m	49.26	49.39	49.72	50.83	51.60	52.92
泵站出水池水位	最小值/m	49.37	50.66	51.78	52.65	52.89	57.23
	最大值/m	49.88	50.80	51.87	52.74	53.34	60.10
单泵流量	最大值/(m^3/s)	8.40	7.70	7.10	7.40	7.70	10.40
	最小值/(m^3/s)	5.80	5.30	5.00	5.30	5.30	5.50

表 5-8　现有运行方案信息

<table>
<tr><th rowspan="2">泵站</th><th colspan="6">现行运行方案（流量为 19.8 m³/s）</th></tr>
<tr><th>扬程
/m</th><th colspan="2">水位
/m</th><th>水头损失
/m</th><th>单级泵站运行效率
/%</th><th>梯级泵站运行效率</th></tr>
<tr><td rowspan="2">1</td><td rowspan="2">1.07</td><td>前池</td><td>48.6</td><td></td><td rowspan="2">39.27</td><td rowspan="12">42.50%</td></tr>
<tr><td>出水池</td><td>49.67</td><td rowspan="2">0.52</td></tr>
<tr><td rowspan="2">2</td><td rowspan="2">1.6</td><td>前池</td><td>49.14</td><td rowspan="2">52.21</td></tr>
<tr><td>出水池</td><td>50.74</td><td rowspan="2">1.13</td></tr>
<tr><td rowspan="2">3</td><td rowspan="2">2.21</td><td>前池</td><td>49.61</td><td rowspan="2">63.82</td></tr>
<tr><td>出水池</td><td>51.82</td><td rowspan="2">1.11</td></tr>
<tr><td rowspan="2">4</td><td rowspan="2">1.97</td><td>前池</td><td>50.71</td><td rowspan="2">64.03</td></tr>
<tr><td>出水池</td><td>52.68</td><td rowspan="2">1.19</td></tr>
<tr><td rowspan="2">5</td><td rowspan="2">1.59</td><td>前池</td><td>51.50</td><td rowspan="2">51.89</td></tr>
<tr><td>出水池</td><td>53.09</td><td rowspan="2">0.46</td></tr>
<tr><td rowspan="2">6</td><td rowspan="2">6.18</td><td>前池</td><td>52.63</td><td rowspan="2">71.59</td></tr>
<tr><td>出水池</td><td>58.81</td><td></td></tr>
</table>

5.4.2 优化结果分析

为了验证 GWO 算法和提出的 IAGWO 以及 AGWO 算法的有效性，在不考虑分时电价的情况下，以梯级泵站扬程分配模型最大迭代

次数为50，种群大小为20，单级泵站流量分配模型最大迭代次数为100，种群规模数为30，来寻求梯级泵站运行效率最大、运行费用最小的运行方案。由表5-11可知，由IAGWO、AGWO、GWO和PSO算法优化的梯级泵站运行方案的效率分别为42.635%、42.633%、42.625%和42.604%，运行费用分别为是94649.23元/d，94653.47元/d，94672.22元/d和94717.51元/d。且相对于现有运行方案由IAGWO、AGWO、GWO、PSO算法优化的方案的运行费用分别降低约0.324%、0.320%、0.300%、0.253%。此外，IAGWO、AGWO、GWO和PSO算法在优化过程中灰狼越界的比例分别为4.280%、5.520%、95.580%和97.820%。不同方法的优化方案的具体信息见表5-12，如各泵站的效率、扬程、流量等。

表5-9　不同时段电价

时　段	1	2	3
时间	10：00—15：00 18：00—21：00	7：00—10：00 15：00—18：00 21：00—23：00	23：00至第二天7：00
价格/[元/(kW·h)]	1.3222	0.8395	0.3818

表5-10　测试系统约束条件涉及参数

δ_H	δ_Q	总调水量离散步长
10^{-4}	10^{-4}	0.1

表5-11　不同方法优化的梯级泵站运行方案

方法	流量/(m^3/s)	泵站前池水位/m	泵站出水池水位/m	梯级泵站运行效率/%	梯级泵站运行费用/(元/d)	与现行方案相比，降低的费用比/%	出现在不可行域内解的比例/%
IAGWO	19.80	48.60	58.81	42.635	94649.23	0.324	4.280
AGWO	19.80	48.60	58.81	42.633	94653.47	0.320	5.520
GWO	19.80	48.60	58.81	42.625	94672.22	0.300	95.580
PSO	19.80	48.60	58.81	42.604	94717.51	0.253	97.820

表 5-12 不同方法优化的梯级泵站运行方案对应的运行效率、流量及扬程（总流量为 19.8m^3/s）

方法	泵站	前池水位/m	出水池水位/m	扬程/m	单泵流量/（m^3/s）			单泵效率/%			单级泵站运行效率/%
					1	2	3	1	2	3	
IAGWO	1	48.60	49.60	1.00	6.78	6.72	6.30	38.217	37.852	35.546	37.206
	2	48.86	50.70	1.84	6.60	6.60	6.60	60.864	60.870	60.865	60.866
	3	49.63	51.78	2.16	6.60	6.60	6.60	63.121	63.133	63.117	63.124
	4	50.76	52.66	1.90	6.60	6.59	6.60	62.747	62.668	62.712	62.709
	5	51.54	53.16	1.61	6.60	6.60	6.60	52.716	52.747	52.698	52.720
	6	52.74	58.81	6.07	6.60	6.60	6.60	70.341	70.272	70.393	70.335
AGWO	1	48.60	49.60	1.00	6.30	6.77	6.73	35.180	37.815	37.575	36.857
	2	48.86	50.70	1.84	6.60	6.60	6.60	60.089	60.058	60.067	60.071
	3	49.63	51.78	2.16	6.60	6.60	6.60	62.407	62.428	62.425	62.420
	4	50.76	52.66	1.90	6.60	6.60	6.60	62.216	62.221	62.222	62.220
	5	51.54	53.16	1.61	6.60	6.60	6.60	52.568	52.542	52.581	52.564
	6	52.74	58.81	6.07	6.60	6.60	6.60	70.594	70.670	70.664	70.643

续表

方法	泵站	前池水位/m	出水池水位/m	扬程/m	单泵流量/（m^3/s）			单泵效率/%			单级泵站运行效率/%
					1	2	3	1	2	3	
GWO	1	48.60	49.83	1.23	6.60	6.60	6.60	45.651	45.651	45.651	45.651
	2	49.35	50.80	1.45	6.80	6.20	6.80	48.544	44.210	48.544	47.098
	3	49.68	51.84	2.16	6.60	6.60	6.60	62.589	62.589	62.589	62.589
	4	50.79	52.69	1.90	6.60	6.60	6.60	62.461	62.461	62.461	62.461
	5	51.56	53.10	1.54	6.60	6.60	6.60	50.257	50.257	50.257	50.257
	6	52.88	58.81	5.93	6.60	6.60	6.60	68.919	68.919	68.919	68.919
PSO	1	48.60	49.63	1.03	6.70	6.80	6.30	38.490	39.015	36.307	37.941
	2	49.17	50.70	1.54	6.60	6.60	6.60	50.170	50.171	50.171	50.171
	3	49.72	51.79	2.07	6.60	6.60	6.60	59.667	59.667	59.667	59.667
	4	50.81	52.69	1.88	6.60	6.60	6.60	61.551	61.551	61.550	61.554
	5	51.48	53.29	1.81	6.60	6.60	6.60	59.028	59.028	59.028	59.028
	6	52.77	58.81	6.04	6.60	6.60	6.60	70.315	70.315	70.315	70.315

考虑各时段流量按照不同时段电价进行优化分配，计算得第一时段的流量为 19.4m^3/s，第二、第三时段的流量均为 20m^3/s，见表 5-13。由 IAGWO、AGWO、GWO 和 PSO 算法优化的梯级泵站日运行费用分别为 94195.04 元/d、94195.79 元/d、94222.56 元/d 和 94526.79 元/d，与现行方案对比，其运行费用分别降低了约 0.803%、0.802%、0.774%和 0.453%。以上计算结果表明，在低电价时期的流量相对较大，可以使梯级泵站的总费用降至最低。此外，IAGWO、AGWO、GWO 和 PSO 算法优化过程中，第一时段越界比例分别为 9.55%、5.75%、95.73%和 97.82%，第二、三时段越界比例分别为 4.75%、4.29%、95.51%、97.83%。不同方法优化方案的效率、扬程、各泵站流量等详细情况见表 5-14、表 5-15。

表 5-13　　不同方法优化的梯级泵站日运行方案

方　法		IAGWO	AGWO	GWO	PSO
不同时段的流量/(m^3/s)	第一时段	19.40	19.40	19.40	19.40
	第二时段	20.00	20.00	20.00	20.00
	第三时段	20.00	20.00	20.00	20.00
前池水位/m		48.60	48.60	48.60	48.60
出水池水位/m		58.81	58.81	58.81	58.81
梯级泵站运行费用/(元/d)		94195.04	94195.79	94222.56	94526.79
与现行方案相比，降低的运行费用比/%		0.803	0.802	0.774	0.453
出现在不可行区域内的解的比例/%	第一时段	5.750	95.730	97.820	97.820
	第二、三时段	4.290	95.510	97.830	97.830

上述结果表明，利用 IAGWO、AGWO、GWO 和 PSO 方法优化的方案与现有方案相比，效果更好。此外，由 IAGWO 和 AGWO 优化的方案优于由 GWO 和 PSO 优化的方案，进而说明 IAGWO 和 AGWO 可通过防止灰狼越界以增加可行域内的有效搜索以及利用逆抛物线分布边界处理法修复越界的灰狼，可保持种群的多样性。

然而，优化效果不是很明显，分析原因，可能存在以下两个原因：第一，泵站的前池、出水池及扬程可运行范围小。特别是第三级、第四级泵站的出水池水位可运行范围仅为 9cm。这对梯级泵站的优化设计具有重要的影响。第二，工程设计应遵循一定的原则，应协调泵站与渠道水位。因此，优化方案的效率并不明显。

表 5-14 不同方法优化的梯级泵站日运行方案对应的第一时段各泵站运行效率、水泵扬程及流量表

方法	泵站	前池水位/m	出水池水位/m	扬程/m	单泵流量/（m^3/s）			单泵效率/%			单级泵站运行效率/%
					1	2	3	1	2	3	
IAGWO	1	48.60	49.61	1.01	6.30	6.80	6.30	35.499	38.264	35.503	36.423
	2	49.16	50.67	1.51	6.57	6.53	6.30	49.070	48.821	47.290	48.396
	3	49.63	51.81	2.18	6.40	6.60	6.40	61.230	62.989	61.191	61.804
	4	50.83	52.68	1.85	6.47	6.44	6.49	59.516	59.201	59.681	59.463
	5	51.35	53.27	1.92	6.50	6.50	6.41	61.880	61.886	61.010	61.592
	6	52.92	58.81	5.89	9.70	9.70	—	68.797	68.796	—	68.796
AGWO	1	48.60	49.61	1.01	6.80	6.30	6.30	38.261	35.521	35.491	36.425
	2	49.16	50.67	1.51	6.59	6.51	6.30	49.211	48.662	47.285	48.388
	3	49.63	51.81	2.18	6.59	6.40	6.41	62.962	61.203	61.259	61.809
	4	50.83	52.68	1.85	6.49	6.45	6.46	59.636	59.319	59.404	59.452
	5	51.35	53.27	1.92	6.46	6.48	6.46	61.505	61.724	61.549	61.596
	6	52.92	58.81	5.89	9.70	9.70	—	68.797	68.797	—	68.797

续表

方法	泵站	前池水位/m	出水池水位/m	扬程/m	单泵流量/（m^3/s）			单泵效率/%			单级泵站运行效率/%
					1	2	3	1	2	3	
GWO	1	48.60	49.62	1.02	6.80	6.30	6.30	38.576	35.828	35.828	36.745
	2	48.81	50.67	1.85	6.47	6.47	6.47	59.351	59.351	59.351	59.351
	3	49.63	51.78	2.15	6.60	6.41	6.39	62.155	60.310	60.210	60.892
	4	50.74	52.65	1.91	6.49	6.50	6.41	61.582	61.668	60.851	61.367
	5	51.60	53.14	1.54	6.60	6.20	6.60	50.240	47.290	50.240	49.258
	6	52.92	58.81	5.89	9.70	9.70	—	68.796	68.796	—	68.796
PSO	1	48.60	49.76	1.16	6.52	6.30	6.58	42.321	40.922	42.690	41.979
	2	49.19	50.67	1.48	6.80	6.30	6.30	49.451	46.072	46.077	47.206
	3	49.64	51.78	2.14	6.60	6.60	6.20	61.916	61.917	58.130	60.651
	4	50.70	52.67	1.97	6.40	6.50	6.50	62.450	63.328	63.318	63.035
	5	51.60	53.12	1.52	6.60	6.30	6.50	49.475	47.454	48.792	48.577
	6	52.82	58.81	5.99	9.70	9.70	—	69.171	69.170	0.000	69.174

表 5-15 不同方法优化的梯级泵站日运行方案对应的第二、三时段各泵站运行效率、水泵扬程及流量表

方法	泵站	前池水位/m	出水池水位/m	扬程/m	单泵流量/(m³/s)			单泵效率/%			单级泵站运行效率/%
					1	2	3	1	2	3	
IAGWO	1	48.60	49.60	1.00	6.80	6.42	6.79	37.955	35.822	37.916	37.230
	2	48.88	50.74	1.87	6.63	6.69	6.68	61.447	61.886	61.768	61.703
	3	49.62	51.79	2.18	6.60	6.60	6.80	62.916	62.926	64.645	63.496
	4	50.73	52.66	1.93	6.61	6.70	6.70	63.119	63.771	63.784	63.558
	5	51.49	53.19	1.71	5.62	7.30	7.08	47.368	61.143	59.197	55.923
	6	52.81	58.81	6.00	6.67	6.67	6.66	70.635	70.630	70.604	70.623
AGWO	1	48.60	49.60	1.00	6.79	6.80	6.41	37.899	37.921	35.723	37.181
	2	48.83	50.71	1.88	6.63	6.69	6.68	61.986	62.432	62.372	62.266
	3	49.61	51.80	2.19	6.80	6.60	6.60	65.027	63.262	63.266	63.852
	4	50.74	52.66	1.92	6.70	6.70	6.60	63.493	63.481	62.789	63.255
	5	51.48	53.19	1.71	7.04	5.62	7.34	58.951	47.426	61.586	56.009
	6	52.79	58.81	6.02	6.60	6.70	6.70	70.201	71.190	71.199	70.863

续表

方法	泵站	前池水位/m	出水池水位/m	扬程/m	单泵流量/(m^3/s)			单泵效率/%			单级泵站运行效率/%
					1	2	3	1	2	3	
GWO	1	48.60	49.83	1.23	6.80	6.60	6.60	46.951	45.651	45.651	46.085
	2	49.33	50.80	1.46	7.40	6.30	6.30	53.193	45.531	45.531	48.093
	3	49.66	51.84	2.18	6.81	6.60	6.60	64.856	63.011	63.011	63.627
	4	50.77	52.71	1.93	6.69	6.61	6.69	63.849	63.263	63.834	63.649
	5	51.54	53.11	1.57	6.61	6.79	6.60	51.272	52.747	51.218	51.745
	6	52.86	58.81	5.95	6.67	6.67	6.67	69.933	69.933	69.933	69.933
PSO	1	48.60	49.76	1.16	6.80	6.60	6.60	44.074	42.875	42.870	43.276
	2	48.76	50.73	1.97	6.70	6.70	6.60	64.638	64.638	63.991	64.426
	3	49.72	51.78	2.06	6.70	6.60	6.70	60.357	59.527	60.355	60.083
	4	50.82	52.66	1.85	6.70	6.70	6.60	61.285	61.293	60.527	61.038
	5	51.49	53.11	1.62	6.67	6.67	6.67	53.201	53.187	53.202	53.194
	6	52.92	58.81	5.89	6.68	6.66	6.66	69.350	69.146	69.109	69.198

5.5 本 章 小 结

为制定梯级泵站调水工程切实可行经济优化调度方案，针对梯级泵站明渠调水段泵站性能指标偏低、运行能耗大，以运行效率最高、日运行费用最低为目标，建立了单级泵站机组流量分配-梯级泵站间扬程分配-梯级调水系统日不同时段间调水量分配嵌套的梯级泵站日经济优化调度模型。利用灰狼算法及动态规划算法求解模型，并针对求解过程中易陷入边界最优，而实际工程中边界为梯级泵站运行的极值状态，易造成渠道、调节池漫溢、漏空，机组汽蚀等的特点，提出了考虑边界约束的改进灰狼算法。同时，针对梯级泵站日调水总量平衡约束为一个时空耦合的约束条件，提出了动态调整变量可行域的策略。并以一个包含六级泵站的梯级泵站调水系统验证了提出的方法的有效性和高效性。主要的研究结论为：

(1) 通过改进灰狼算法的更新迭代机制，提出了 AGWO 算法，可有效减少解到达不可行域的比例，具体地，除 F16 函数解到达不可行域的比例下降 19.61%外，大多数基准函数下降比例为 64.92%～99.41%，避免了不必要的搜索，提高搜索效率；并在此基础上，通过引入逆抛物线分布边界处理法，提出了 IAGWO 算法，可有效修复不可行域的解，具体地，与 AGWO 算法相比，IAGWO 算法在 23 个基准函数中有 16 个函数的最优解，表明第二边界处理策略可进一步提高搜索能力，避免陷入局部最优。

(2) 提出的动态调整变量可行域的策略，可减少日调水总量分时优化模型求解过程的不必要搜索，提高计算效率。

(3) 提出基于考虑边界约束的改进灰狼算法及动态调整可行域的策略求解梯级泵站日经济优化调度模型，为高效制定切实可行的梯级泵站日经济优化调度运行方案提供了一种有效的方法。具体地，对于研究实例，相对于其现有运行方案由 IAGWO、AGWO、GWO、PSO 算法优化的方案的运行费用分别降低约 0.324%、0.320%、0.300%、0.253%。

6 结论与展望

6.1 结　论

修建梯级泵站调水工程是调节水资源时空分布不均，缓解水资源供需矛盾，进而促进社会可持续发展最有效、最直接的手段。但由于沿线地形、地质、调水规模等因素的限制，调水方式、结构以及涉及的水力设施、设备等日趋复杂，给调水工程的调度运行带来了巨大的挑战。为保障工程的安全可靠经济运行，本书以梯级泵站调水工程为研究对象，主要从梯级泵站调水工程泵站机组故障诊断、水力仿真、有压调水段多水力设施联合调控以及无压明渠段经济优化调度四个方面进行了研究。主要的研究成果及结论如下：

(1) 将深度森林引入泵站机组的故障诊断，提出了具有高精度、适应于小样本、抗噪声能力强的基于深度森林的泵站机组端到端智能故障诊断方法。并在此基础上，提出了一种以实验故障样本逼近现实场景运行故障样本的方法。

针对传统故障诊断方法面临的准确性很大程度上依赖于故障特征的人工提取、需大量的先验知识以及基于 DNNs 深度学习故障诊断方法面临的需大量的训练数据、强大的计算工具和调整众多超参数难的问题，将深度森林引入泵站机组故障诊断，建立了基于深度森林的泵站机组端到端智能故障诊断模型。模型采用滑动窗口进行多粒度扫描，用于转换和增强故障特征表征；采用级联森林进一步提取故障特

征，同时输出最终的预测结果，实现了自适应地从泵站机组监测系统获得的原始时域测量信号到故障类型预测的端到端智能故障诊断。并针对现实运行场景泵站机组故障样本少的问题，提出了通过在原始实验故障数据上加入不同信噪比的噪声以构建逼近现实运行场景故障样本集的方法。最后，利用不同大小的含不同噪声等级的故障样本集对基于深度森林的泵站机组端到端智能故障诊断模型进行了验证分析，结果表明：相比于基于标准深度自编码、SVM、ELM以及频域特征提取与SVM结合和频域特征提取与ELM结合的故障诊断模型，其对于小样本具有高精度、自动化、泛化能力强、抗噪声能力强的优点，具备在泵站机组实际故障诊断中应用的潜在价值。

（2）建立了梯级泵站调水工程自适应系统水力瞬变模型，研究了管渠结合的梯级泵站调水工程的恒定流及非恒定流过程，为类似工程的调度运行提供技术支撑。

针对管渠结合的梯级泵站调水工程，通过对其恒定流及非恒定流过程进行分析，提出了可将高位水池、无压调节池、隧洞进出口等可以直观反应瞬变过程部分水力特性及响应的断面，作为沿线系统及时响应、协调调控的关键断面；并提出了对于其水力瞬变及防护措施的分析可取局部系统进行分析计算。

（3）耦合一维水力瞬变模型，构建了梯级泵站调水工程有压段多水力设施多目标联合优化调控模型，提出了基于NSGA-Ⅱ和多核并行的模型高效求解方法，为多水力设施联合调控措施的高效制定提供了一种有效的方法。

针对多水力设施的联合调控目前主要依赖于人工经验，调控过程中需反复调节、决策效率低、人力消耗大的问题，耦合一维水力瞬变模型，构建了梯级泵站调水工程有压段多水力设施多目标优化调控模型。模型以水力瞬变过程安全为总目标，同时考虑调水工程整个沿线的协调调控及操控的快速可行性，建立了以系统压力波动最小、水泵倒转速最小、调控时长最短以及控制其调水安全协调运行的控制建筑物水位波动最小为目标的多水力设施联合优化调控模型。并针对模型求解过程计算耗时长的问题，提出了基于NSGA-Ⅱ和多核并行模型高效求解方法，可高效地给出多水力设施联合调控措施，以切实指导工程实际调度运行。

(4) 建立了三层时空嵌套的梯级泵站日经济优化调度模型，提出了考虑边界约束的改进灰狼算法及动态调整可行域的策略，为高效制定切实可行的梯级泵站日经济优化调度运行方案提供了一种有效的方法。

模型针对梯级泵站明渠调水段泵站性能指标偏低、运行能耗大，以运行效率最高、日运行费用最低为目标，首先建立了单级泵站机组流量分配—梯级泵站间扬程分配—梯级泵站日不同时段调水量分配嵌套的梯级泵站日经济优化调度模型。然后，针对求解过程中易陷入边界最优，而实际工程中边界为梯级泵站运行的极值状态，易造成渠道、调节池漫溢、漏空，机组汽蚀等的特点，提出了考虑边界约束的改进灰狼算法。通过改进灰狼算法的更新迭代机制，可有效减少解到达不可行域的比例，避免不必要的搜索，提高搜索效率；并通过引入逆抛物线分布边界处理法，可有效修复不可行域的解，避免陷入边界最优。此外，针对梯级泵站日不同时段调水量分配模型中平衡约束条件为时空耦合的约束条件，提出了动态调整可行域的策略，避免了不必要的计算。最后，利用一个包含六级泵站的梯级调水系统验证了该求解方法的有效性和高效性，可为梯级泵站制定日经济优化调度运行详细方案提供有力的数据支持和决策依据。

6.2 展　望

本书对梯级泵站调水工程调度运行涉及的泵站机组故障诊断、瞬变过程计算和防护、有压段多水力设施联合优化调控以及无压明渠段经济优化调度等方面的理论、方法及应用进行了一些探索与研究，取得了一些成果，但受作者当前理论与方法水平的限制，仍有部分工作存在一定的不足，需要继续深入研究，以进一步丰富、改进和完善，主要包括以下几个方面：

(1) 基于深度森林的泵站机组端到端智能故障诊断方法仅在实验

数据上进行了应用，还有待进一步在实际监测数据中进行严格的测试验证及应用，同时有待进一步研究以实验运行数据扩展实际运行场景数据的方法；此外，有待进一步研究泵站机组的健康状态的智能预测，并将预测的机组健康状态以及故障类型等综合进行考虑，融入调水系统安全经济调度运行的目标函数以及约束条件，进而实现更为合理的站内优化分配。

（2）对于调水系统有压段的多水力设施联合优化调控，有待进一步将高性能的并行运算引入水力瞬变模型，加快水力瞬变模型计算速度，进而进一步加快多水力设施联合优化调控模型的计算速度，以便给出长距离复杂梯级泵站调水工程全线的水力瞬变过程联合调控措施。

（3）对于梯级泵站调水工程，有待进一步研究沿线无压调水段、有压调水段梯级泵站间的启闭、调节响应时间差，为梯级泵站调水工程的全线调节提供支撑。此外，有待进一步将泵站、阀门、闸门间响应时间考虑至梯级泵站优化调度模型中。

（4）有待将上述技术应用于一个完整的梯级泵站调水工程中，以进一步对不同流态、不同调水方式、不同水力设施和建筑物以及关键技术间交叉融合进行扩展研究，以进一步切实指导实际工程的运行。

参 考 文 献

[1] 王浩. 中国水资源问题与可持续发展战略研究 [M]. 北京：中国电力出版社，2010.

[2] 龙岩. 长距离输水工程突发水污染事件应急调控决策体系研究 [D]. 天津：天津大学，2016.

[3] 朱晓璟. 长距离大型区域重力流输水系统水锤防护计算研究 [D]. 西安：长安大学，2009.

[4] 郑和震. 南水北调中线干渠突发水污染扩散预测与应急调度 [D]. 杭州：浙江大学，2018.

[5] 穆祥鹏. 长距离输水系统的过渡过程数值计算及水力特性研究 [D]. 天津：天津大学，2004.

[6] Chen Tehuan, Ren Zhigang, Xu Chao, et al. Optimal boundary control for water hammer suppression in fluid transmission pipelines [J]. Computers and Mathematics with Applications, 2015, 69: 275 - 290.

[7] 黄源. 供水管网瞬态水力模型建立和高效分析方法研究与应用 [D]. 哈尔滨：哈尔滨工业大学，2017.

[8] 闵京声，于永海，杨天生. 南水北调工程低扬程水泵选型关键技术及应用研究 [J]. 水利水电工程设计，2009，28 (2)：26 - 28.

[9] 黄海田，冯晓莉，仇宝云. 南水北调东线泵站全站运行效率分析 [J]. 南水北调与水利科技，2005，3 (3). 11 - 14，26.

[10] 刘波波. 梯级泵站调水工程优化运行模拟研究 [D]. 北京：中国水利水电科学研究院，2015.

[11] 陈锦辉，黄羽舟. 浅谈离心式水泵的节能改造 [J]. 城镇供水，2008，6：40 - 41.

[12] 赵鹏. 离心泵振动故障诊断方法研究及系统实现 [D]. 北京：华北电力大学，2011.

[13] 肖汉. 水电机组智能故障诊断的多元征兆提取方法 [D]. 武汉：华中科技大学，2014.

[14] 付文龙. 水电机组振动信号分析与智能故障诊断方法研究 [D]. 武汉：

华中科技大学，2016.

[15] Guangxiong Song，Yongyong He，Fulei Chu，et al. HYDES：A Web-based hydro turbine fault diagnosis system [J]. Expert Systems with Applications，2008，34：764-772.

[16] Yaguo Lei，Zhengjia He，Yanyang Zi. A new approach to intelligent fault diagnosis of rotating machinery [J]. Expert Systems with Applications，2008，35：1593-1600.

[17] Peng Li，Fanrang Kong，Qingbo He，et al. Multiscale slope feature extraction for rotating machinery fault diagnosis using wavelet analysis [J]. Measurement，2013，46：497-505.

[18] Yaguo Lei，Zhengjia He，Yanyang Zi. Application of an intelligent classification method to mechanical fault diagnosis [J]. Expert Systems with Applications，2009，36：9941-9948.

[19] Muhammad Sohaib，Cheol-Hong Kim，Jong-Myon Kim. A Hybrid Feature Model and Deep-Learning-Based Bearing Fault Diagnosis [J]. Sensors，2017，17：2876.

[20] Meng Luo，Chaoshun Li，Xiaoyuan Zhang，et al. Compound feature selection and parameter optimization of ELM for fault diagnosis of rolling element bearings [J]. ISA Transactions，2016，65：556-566.

[21] 肖剑. 水电机组状态评估及智能诊断方法研究 [D]. 武汉：华中科技大学，2014.

[22] 陈珊珊. 时域分析技术在机械设备故障诊断中的应用 [J]. 机械传动，2007，3：79-83.

[23] 李继猛，陈雪峰，何正嘉. 基于时域统计量的风力发电机组故障诊断研究 [C]. 全国设备故障诊断学术会议. 2010.

[24] 田少强，于洋，张飞，等. 小波分析在水电机组状态监测和故障诊断中的应用研究 [J]. 水利科技与经济，2007，13 (9)：673-675.

[25] Yaguo Lei，Jing Li ，Zhengjia He，et al. A review on empirical mode decomposition in fault diagnosis of rotating machinery [J]. Mechanical Systems and Signal Processing，2013，35：108-126.

[26] Satish Rajagopalan，José A. Restrepo，José M. Aller，et al. Nonstationary Motor Fault Detection Using Recent Quadratic Time—Frequency Representations [J]. IEEE Transactions on Industry Applications，

2008，44（3）：735－744.

[27] Lingjie Meng，Jiawei Xiang，Yanxue Wang，et al. A hybrid fault diagnosis method using morphological filter－translation invariant wavelet and improved ensemble empirical mode decomposition [J]. Mechanical Systems and Signal Processing，2015：101－115.

[28] 李国鸿，李飞行. STFT在航空发动机振动信号处理中的应用 [J]. 测控技术，2013，32（4）：45－49.

[29] 乌建中，陶益. 基于短时傅里叶变换的风机叶片裂纹损伤检测 [J]. 中国工程机械学报，2014，12（2）：180－183.

[30] Nese S. V.，Kilic O.，Akinci T. C. Analysis of wind turbine blade deformation with STFT method [J]. Energy education science and technology part a－energy science and research，2012，29（1）：679－686.

[31] 彭文季，罗兴锜. 基于小波包分析和支持向量机的水电机组振动故障诊断研究 [J]. 中国电机工程学报，2006，26（24）：164－168.

[32] P. Konar，P. Chattopadhyay. Bearing fault detection of induction motor using wavelet and Support Vector Machines（SVMs） [J]. Appl. Soft Comput.，2011，11：4203－4211.

[33] S. P. Harsha，P. K. Kankar，S. C. Shar. Rolling element bearing fault diagnosis using wavelet transform [J]. Neurocomputing，2011，74：1638－1645.

[34] 潘虹. 基于LMD与Wigner－Ville分布的水力机组振动信号分析 [J]. 排灌机械工程学报，2014，32（3）：220－224.

[35] 王瀚，罗兴锜，薛延刚，等. EMD指标能量提取水轮机尾水管动态特征信息 [J]. 水力发电学报，2012，31（5）：286－291.

[36] 陈喜阳，闫海桥，孙建平. 基于EMD－FFT的水电机组振动信号检测 [J]. 水力发电，2014，40（5）：51－54.

[37] Jaouher Ben Ali，Nader Fnaiech，Lotfi Saidi，Brigitte Chebel－Morello，et al. Application of empirical mode decomposition and artificial neural network for automatic bearing fault diagnosis based on vibration signals [J]. Applied Acoustics，2015，89：16－27.

[38] Yaguo Lei，Naipeng Li，Jing Lin，et al. Fault Diagnosis of Rotating Machinery Based on an Adaptive Ensemble Empirical Mode Decomposition [J]. Sensors，2013，13：16950－16964.

[39] Z Shen, X Chen, X Zhang, Z He. A novel intelligent gear fault diagnosis model based on EMD and multi - class TSVM [J]. Measurement, 2012, 45: 30 - 40.

[40] Y. X. Wang, R. Markert, J. W. Xiang, W. G. Zheng, Research on variational mode decomposition and its application in detecting rub - impact fault of the rotor system [J]. Mech. Syst. Signal Process, 2014 (60 - 61): 243 - 251.

[41] 薛小明. 基于时频分析与特征约简的水电机组故障诊断方法研究 [D]. 武汉：华中科技大学，2016.

[42] 李伟漳，贾修一. 基于 Hellinger 距离的特征选择算法 [J]. 计算机应用，2010，30 (6)：1530 - 1532.

[43] V. Sugumaran, V. Muralidharan, K. I. Ramachandran. Feature selection using decision tree and classification through proximal support vector machine for fault diagnostics of roller bearing [J]. Mechanical Systems and Signal Processing, 2007, 21 (2): 930 - 942.

[44] Samanta, B. Gear fault detection using artificial neural networks and support vector machines with genetic algorithms [J]. Mechanical Systems and Signal Processing, 2004, 18 (3): 625 - 644.

[45] R Ahila, V Sadasivam, K Manimala. An integrated PSO for parameter determination and feature selection of ELM and its application in classification of power system disturbances [J]. Applied Soft Computing, 2015, 32: 23 - 37.

[46] 孙卫祥，陈进，吴立伟，等. 基于 PCA 与决策树的转子故障诊断 [J]. 振动与冲击，2007，26 (3)：72 - 74.

[47] 肖文斌，陈进，王志阳，等. 基于核判别分析的特征约简方法在故障诊断中的应用 [J]. 矿山机械，2012，40 (3)：96 - 100.

[48] 余波，张礼达. 水轮机故障诊断专家系统的一种模糊诊断方法 [J]. 水力发电，2002，(4)：38 - 39.

[49] Stephan Ebersbach, Zhongxiao Peng. Expert system development for vibration analysis in machine condition monitoring [J]. Expert Systems with Applications, 2008, 34 (1): 291 - 299.

[50] 韩小涛，尹项根，张哲. 故障树分析法在变电站通信系统可靠性分析中的应用 [J]. 电网技术，2004，28 (1)：56 - 59.

[51] 杨晓萍，解建宝，孙超图. 水轮发电机组振动故障诊断的神经网络方法研究 [J]. 水利学报，1998 (S1)：94-97.

[52] M. Barakat, F. Druaux, D. Lefebvre, et al. Self adaptive growing neural network classifier for faults detection and diagnosis [J]. Neurocomputing, 2011, 74: 3865-3876.

[53] 郭鹏程，罗兴锜，王勇劲，等. 基于粒子群算法与改进BP神经网络的水电机组轴心轨迹识别 [J]. 中国电机工程学报，2011，31 (8)：93-97.

[54] 郭磊，刘德辉，李志红. 智能诊断技术在水电机组振动故障诊断中的应用 [J]. 水电能源科学，2009，27 (4)：178-180.

[55] Tianzhen Wang, Jie Qi, Hao Xu, et al. Fault diagnosis method based on FFT - RPCA - SVM for Cascaded - Multilevel Inverter [J]. ISA Transactions, 2016, 60: 156-163.

[56] Yancai Xiao, Na Kang, Yi Hong, et al. Misalignment Fault Diagnosis of DFWT Based on IEMD Energy Entropy and PSO-SVM [J]. Entropy, 2017, 19 (1): 6.

[57] YAN W. Application of random forest to aircraft engine fault diagnosis [C]. proceedings of the Computational Engineering in Systems Applications, IMACS Multiconference on, IEEE, 2006.

[58] M He, D He. Deep Learning Based Approach for Bearing Fault Diagnosis [J]. IEEE Transactions on Industry Applications, 2017, 53 (3): 3057-3065.

[59] Feng Jia, Yaguo Lei, Liang Guo, et al. A neural network constructed by deep learning technique and its application to intelligent fault diagnosis of machines [J]. Neurocomputing, 2018, 272: 619-628.

[60] Y Bengio, H Lee. Editorial introduction to the Neural Networks special issue on Deep Learning of Representations [J]. Neural Networks, 2015, 64: 1-3.

[61] G. E. Dahl, D. Yu, L. Deng, et al. Context - dependent pre - trained deep neural networks for large - vocabulary speech recognition [J]. IEEE Trans. Audio, Speech Lang. Process., 2012, 20: 30-42.

[62] O. Russakovsky, J. Deng, H. Su, et al. ImageNet large scale visu-

al recognition challenge [J]. International Journal of Computer Vision, 2015, 115 (3): 211-252.

[63] Feng Jia, Yaguo Lei, Jing Lin, et al. Deep neural networks: A promising tool for fault characteristic mining and intelligent diagnosis of rotating machinery with massive data [J]. Mechanical Systems and Signal Processing, 2016, (72-73): 303-315.

[64] O. Janssens, V. Slavkovikj, B. Vervisch, et al. Convolutional Neural Network Based Fault Detection for Rotating Machinery [J]. Journal of Sound & Vibration, 2016, 377: 331-345.

[65] H. Shao, H. Jiang, H. Zhang, et al. Rolling bearing fault feature learning using improved convolutional deep belief network with compressed sensing [J]. Mechanical Systems & Signal Processing, 2018, 100: 743-765.

[66] Z H Zhou, J Feng. Deep Forest: Towards An Alternative to Deep Neural Networks

[67] Guangzheng Hu, Huifang Li, Yuanqing Xia, et al. A deep Boltzmann machine and multi - grained scanning forest ensemble collaborative method and its application to industrial fault diagnosis [J]. Computers in Industry, 2018, 100: 287-296.

[68] Yang Guo, Shuhui Liu, Zhanhuai Li, et al. BCDForest: a boosting cascade deep forest model towards the classification of cancer subtypes based on gene expression data [J]. BMC Bioinformatics, 2018, 19 (5): 118.

[69] Xiaolian Liu, Yu Tian, Xiaohui Lei, et al. Deep forest based intelligent fault diagnosis of hydraulic turbine. Journal of Mechanical Science and Technology, 2019, 33 (5): 2049 - 2058.

[70] 王剑云，李小霞. 一种基于深度学习的表情识别方法 [J]. 计算机与现代化，2015 (1): 84-87.

[71] 殷林飞. 基于深度强化学习的电力系统智能发电控制 [D]. 广州：华南理工大学，2018.

[72] 刘广东，邱晓晖. 基于多模式 LBP 与深度森林的指静脉识别 [J]. 计算机技术与发展，2018, 28 (7): 83-87.

[73] 刘梅清. 梯级调水系统瞬变流分析及优化调度研究 [D]. 武汉：武汉大

学，2004.

[74] 樊红刚. 复杂水力机械装置系统瞬变流计算研究 [D]. 北京：清华大学，2003.

[75] Wylie，E. B.，Streeter，V.. L. Fluid Transients [M]. McGraw - Hill International Book Company，New York，1978.

[76] 龙侠义. 输配水管线水锤数值模拟与防护措施研究 [D]. 重庆：重庆大学，2013.

[77] Fox J. A. Transient flow in pipes，open channels and sewers [M]. Ellis Horwood Ltd，1989.

[78] [日] 秋元德三. 水击与压力脉动 [M]. 北京：电力工业出版社，1981.

[79] 刘竹溪，刘光临. 泵站水锤及其防护 [M]. 北京：水利电力出版社，1985.

[80] 刘德有，索丽生. 复杂给水管网恒定流计算新方法—特征线法 [J]. 中国给水排水，1994，10 (3)：19 - 25.

[81] 常近时，白朝平，寿梅华. 天生桥二级水电站水轮机装置甩负荷过渡过程的动态特性 [J]. 水力发电，1995 (7)：35 - 39.

[82] 刘光临，蒋劲，符向前. BP 神经网络法预测水泵全性能曲线的研究 [J]. 武汉水力电力大学学报，2000，33 (2)：37 - 39.

[83] 金锥，姜乃昌，江兴华. 停泵水锤及其防护 [M]. 北京：中国建筑工业出版社，2004.

[84] 王学芳，叶宏开，汤荣铭，等. 工业管道中的水锤 [M]. 北京：科学出版社，1995.

[85] 杨开林. 引黄入晋工程变速泵控制前池水位的调节模型 [J]. 水利水电技术，2000，31 (8)：44 - 50.

[86] 杨开林. 电站与泵站中的水力瞬变及调节 [M]. 北京：中国水利水电出版社，1999.

[87] 陈家远. 水力过渡过程的数学模拟及控制 [M]. 成都：四川大学出版社，2008.

[88] 陈乃祥. 水利水电工程的水力瞬变仿真与控制 [M]. 北京：中国水利水电出版社，2004.

[89] Chaudhry M. H. Applied Hydraulic Transients [M]. Van Nostrand Reinhold Company. New York，1987.

[90] [加] 乔德里. 实用水力过渡过程 [M]. 陈家远，等译. 成都：四川省水力发电工程学会，1985.

[91] Anderson，E. J.，Al - Jamal，K. H. Hydraulic network simplification [J]. J. Water Resour. Plann. Manage.，1995，121 (3)：235 - 244.

[92] R. Gupta，T. D. Prasad. Extended Use of Linear Graph Theory for Analysis of Pipe Networks [J]. Journal of Hydraulic Engineering，2000，126：56 - 62.

[93] Houcine Rahal. A co - tree flows formulation for steady state in water distribution networks [J]. Advances in Engineering Software，1995，22 (3)：169 - 178.

[94] 朱承军，杨建东. 复杂输水系统中恒定流的数学模拟 [J]. 水利学报. 1998，12：60 - 65.

[95] 刘梅清，李良庚，刘德祥. 代数法在管网系统瞬态水力计算上的应用 [J]. 水利水电工程设计. 2002，21 (2)：42 - 44.

[96] Wylie E B，Streeter V L，Suo Lisheng. Fluid Transient in System [M]. Prentice Hall Inc，Englewood Cliffs，New Jesery，1993.

[97] 索丽生，刘宇敏，张健. 气垫调压室的体型优化计算 [J]. 河海大学学报，1998，11 (1)：11 - 15.

[98] 朱满林，沈冰，张訸，等. 长距离压力输水工程水锤防护研究 [J]. 西安建筑科技大学学报（自然科学版)，2007，39 (1)：40 - 43.

[99] 张健，朱雪强，曲兴辉，等. 长距离供水工程空气阀设置理论分析 [J]. 水利学报，2011，42 (9)：1025 - 1033.

[100] 王守仁，张祥云. 下开式停泵水锤消除器试制（研究报告)，1965，21 - 28.

[101] 刘光临，蒋劲，易钢敏，等. 泵站水锤阀调节防护试验研究 [J]. 武汉水利电力大学学报，1991，12 (2)：597 - 603.

[102] 李树军. 箱式调压塔在长距离重力流输水管道系统中的水锤防护研究 [D]. 西安：长安大学，2008.

[103] 黄源，赵明，张清周，等. 输配水管网系统中关阀水锤的优化控制研究 [J]. 给水排水，2017，43 (2)：123 - 127.

[104] 缪明非，张永良，马吉明，等. 基于多目标进化算法的差动式调压室优化研究 [J]. 水力发电学报. 2010，29 (1)：57 - 62.

[105] 朱炎. 基于气液两相流的输水管道稳态振动及瞬变过程研究 [D]. 哈

尔滨：哈尔滨工业大学，2018.

[106] 穆祥鹏. 复杂输水系统的水力仿真与控制研究 [D]. 天津：天津大学，2008.

[107] Abbot，M. B. An Introduction to the Method of Characteristics [M]. American Elsevier，New York，1966.

[108] Liggett，J. A.，Woolhiser，D. A. Difference Solutions of the Shallow - Water Equation [J]. Jour. Eng. Mech. Div. ASCE.，1967，93：39 - 71.

[109] Richtmyer，R. D. A Survey of Difference Methods for Non - Steady Fluid Dynamics [M]. NCAR Technical Notes 63 - 2，Colorado，1962.

[110] Cooley，R. L.，Moin，S. A. Finite Element Solution of Saint - Venant Equations [J]. Hyd. Div.，ASCE.，1976，102：1299 - 1313.

[111] 郑邦民，赵昕. 计算水动力学 [M]. 武汉：武汉大学出版社，2001.

[112] 谭维炎. 计算浅水动力学 [M]. 北京：清华大学出版社，1998.

[113] 穆锦斌. 一维非恒定流若干问题研究 [D]. 武汉：武汉大学，2004.

[114] 张大伟. 南水北调中线干线水质水量联合调控关键技术研究 [D]. 上海：东华大学，2014.

[115] 杨开林，等. 调水渠网非恒定流的线性变换求解方法 [J]. 水利学报，2004，3：35 - 43.

[116] 钱木金，蔡云美. 解明渠非恒定流的混合网格法 [J]. 人民长江，1996，27 (7)：44 - 46.

[117] 林秉南. 林秉南论文选集 [C]. 北京：中国水利水电出版社，2000.

[118] Preissmann，A.，J. A. Cunge. Calcul du intumescences sur machines 'electroniques [A]. In IX Congress of International Association for Hydraulic Research，Dubrovnik，1961，656 - 664.

[119] Wiggert D. C. Transient flow in mixed - free - surface pressurized system [J]. Jour.，Hyd. Div.，Amer. Soc. Of civ Engrs，1972，98 (1).

[120] Miyashiro，H.，Yoda，H. An analysis of hydraulic transients in tunnels with concurrent open - channel and pressurized flow [A]. Proc. ASME Appl. Mech.，Bioengineering and Fluid Engrg. Conf.，American Society of Mechanical Enginneering，New York，1983：73 - 75.

[121] 陈乃祥，钱涵欣，容伟宏，等. 抽水蓄能电站过渡过程仿真自动建模

及通用程序 [J]. 水利学报. 1996，36 (7)：62－67.

[122] 李辉，陈乃祥，樊红刚，等. 具有明满交替流动的三峡右岸地下电站的动态仿真 [J]. 清华大学学报，1999，39 (11)：29－31.

[123] 陈家远. 水电站尾水系统中明满交替水流的数学模拟 [J]. 水力发电学报，1994，4：51－60.

[124] 杨建东，陈鉴治，陈文斌，等. 水电站变顶高尾水洞体型研究 [J]. 水利学报，1998，3：9－13.

[125] 杨开林. 明渠结合有压管调水系统的水力瞬变计算 [J]. 水利水电技术，2002，33 (4)：5－11.

[126] 邱锦春，杨文容，刘梅清，等. 梯级泵站水道系统过渡过程计算分析 [J]. 中国农村水利水电，2003，56 (5)：61－63.

[127] 于永海. 有压瞬变流反问题研究 [D]. 南京：河海大学，2001.

[128] 伍悦滨. 给水管网瞬变流正反问题分析及应用 [D]. 上海：同济大学，2004.

[129] 冯卫民，郑欣欣. 瞬态多阀调节流体过渡过程最优控制的研究 [J]. 武汉大学学报 (工学版)，2003，36 (2)：130－132，136.

[130] Dhandayudhapani R，Srinivasa L. Neural Network－Derived Heuristic Framework for Sizing Surge Vessels [J]. Journal of Water Resources Planning and Management，2014，140 (5)：678－692.

[131] 肖学，李传奇，杨幸子，等. 梯级泵站事故停泵水力过渡过程研究 [J]. 人民黄河. 2019，6：14－18.

[132] Srinivasa Lingireddy，Don J. Wood. Improved Operation of Water Distribution Systems using Variable－Speed Pumps [J]. Journal of Energy Engineering，1998，24 (3)：90－103.

[133] 冯晓莉，仇宝云，杨兴丽，等. 大型复杂并联梯级泵站系统运行优化研究 [J]. 水利学报，2012，43 (9)：1058－1065.

[134] 冯晓莉，仇宝云，黄海田，等. 南水北调东线江都排灌站优化运行研究 [J]. 水力发电学报，2008，27 (4)：42－46.

[135] 桑国庆. 基于动态平衡的梯级泵站输水系统优化运行及控制研究 [D]. 济南：山东大学，2012.

[136] 王永强. 厂网协调模式下流域梯级电站群短期联合优化调度研究 [D]. 武汉：华中科技大学，2012.

[137] 朱劲木，李强，龙新平，赵文. 梯级泵站优化运行的遗传算法 [J].

武汉大学学报：工学版. 2008，1：108－111.

[138] Jakobus E. van Zyl，Dragan A. et al. Walters，Operational optimization of water distribution systems using a hybrid genetic algorithm [J]. Journal of Water Resources Planning & Management. 2004，130：160－170.

[139] Moradi－Jalal M，Karney BW. Optimal design and operation of irrigation pumping stations using mathematical programming and genetic algorithm (GA) [J]. Journal of Hydraulic Research. 2008，46：237－246.

[140] Gogos C，Alefragis P，Housos E. Application of heuristics，genetic algorithms & integer programming at a public enterprise water pump scheduling system [A]. in：11th Panhellenic conference on informatics，Patras，Greece，2007.

[141] Yasaman Makaremi，Ali Haghighi，Hamid Reza Ghafouri. Optimization of pump scheduling program in water supply systems using a self－adaptive NSGA－Ⅱ；a review of theory to real application [J]. Water Resour Manage. 2017，31：1283－1304.

[142] McCormick G，Powell R. Derivation of near－optimal pump schedules for water distribution by simulated annealing [J]. Journal of the Operational Research Society. 2004，55：728－736.

[143] Shu S，Zhang D，Liu S，et al. Power saving in water supply system with pump operation optimization [J]. Power & Energy Engineering Conference. 2010：1－4.

[144] C. S. Pedamallu，L. Ozdamar. Investigating a hybrid simulated annealing and local search algorithm for constrained optimization [J]. European Journal of Operational Research. 2008，185：1230－1245.

[145] Samora I，Franca MJ，Schleiss AJ，et al. Simulated annealing in optimization of energy production in a water supply network [J]. Water Resour Manage. 2016，30：1533－1547.

[146] 侍翰生，程吉林，方红远，等. 基于动态规划与模拟退火算法的河-湖-梯级泵站系统水资源优化配置研究 [J]. 水利学报. 2013，1：91－96.

[147] 梁兴，刘梅清，刘志勇，等. 基于混合粒子群算法的梯级泵站优化调度 [J]. 武汉大学学报：工学版. 2013，4：536－539.

[148] D Al－Ani，S Habibi. Optimal pump operation for water distribution

systems using a new multi - agent Particle Swarm Optimization technique with EPANET [J]. Electrical & Computer Engineering. 2012, 216: 1 - 6.

[149] A Sedki, D Ouazar, Hybrid particle swarm optimization and differential evolution for optimal design of water distribution systems [J]. Elsevier Science Publishers B. V. 2012, 26: 582 - 591.

[150] Ying Wang, Jianzhong Zhou, Chao Zhou, et al. An improved self - adaptive PSO technique for short - term hydrothermal scheduling [J]. Expert Systems with Application. 2012, 39: 2288 - 2295.

[151] Lopezibanez M, Prasad TD, Paechter B. Ant colony optimization for optimal control of pumps in water distribution networks [J]. Journal of Water Resources Planning & Management. 2008, 134: 337 - 346.

[152] SS Hashemi, M Tabesh, B Ataeekia. Ant - colony optimization of pumping schedule to minimize the energy cost using variable - speed pumps in water distribution networks [J]. Urban Water Journal. 2014, 11: 335 - 347.

[153] Tang KS, Man KF, Liu ZF, et al. Minimal fuzzy memberships and rules using hierarchical genetic algorithms [J]. IEEE Transactions on Industrial Electronics. 2002, 45: 162 - 169.

[154] NS Hsu, CL Huang, CC Wei. Intelligent real - time operation of a pumping station for an urban drainage system [J]. Journal of Hydrology. 2013, 489: 85 - 97.

[155] E. Rashedi, H. Nezamabadi - Pour, S. Saryazdi. GSA: a gravitational searchalgorithm [J]. Inform. Sci. 2009, 179: 2232 - 2248.

[156] Chaoshun Li, Yifeng Mao, Jianzhong Zhou, et al. Design of a fuzzy-PID controller for a nonlinear hydraulic turbine governing system by using a novel gravitational search algorithm based on Cauchy mutation and mass weighting [J]. Applied Soft Computing. 2017, 52: 290 - 305.

[157] Mohammed H, Qais, Hany, M. Hasanien. et al. Augmented Grey Wolf Optimizer for Grid - connected PMSG - based Wind Energy Conversion Systems [J]. Applied Soft Computing. 2018, 69: 504 - 515.

[158] S Mirjalili, SM Mirjalili, A Lewis. Grey Wolf Optimizer [J]. Ad-

vances in Engineering Software. 2014, 69: 46 - 61.

[159] V. K. Kamboj, S. K. Bath, J. S. Dhillon. Solution of non - convex economic load dispatch problem using Grey Wolf Optimizer [J]. Neural Computing and Applications. 2016, 27: 1301 - 1316.

[160] Mohd Herwan Sulaiman, Zuriani Mustaffa, Mohd Rusllim Mohamed, et al. Using the grey wolf optimizer for solving optimal reactive power dispatch problem [J]. Applied Soft Computing. 2015, 32: 286 - 292.

[161] Anita Sahoo, Satish Chandra. Multi - objective Grey Wolf Optimizer for improved cervix lesion classification [J]. Applied Soft Computing. 2017, 52: 64 - 80.

[162] Y. Yusof, Z. Mustaffa. Time series forecasting of energy commodity using grey wolf optimizer [J]. Lecture Notes in Engineering & Computer Science. 2015, 2215.

[163] Akash Saxena, Bhanu Pratap Soni, Rajesh Kumar, et al. Intelligent Grey Wolf Optimizer - Development and application for strategic bidding in uniform price spot energy market [J]. Applied Soft Computing. 2018, 69: 1 - 13.

[164] V Chahar, D Kumar. An astrophysics - inspired Grey wolf algorithm for numerical optimization and its application to engineering design problems [J]. Advances in Engineering Software. 2017, 112: 231 - 254

[165] 刘晶晶. 基于分形理论的离心泵早期故障诊断研究 [D]. 镇江：江苏大学，2010.

[166] 张建茹. 水泵振动原因分析与减振方法研究 [D]. 大连：大连理工大学，2013.

[167] 刘超，王中良，于涛，等. 离心泵振动原因分析 [J]. 管道技术与设备. 2015, 1: 30 - 32.

[168] 肖凯文. 矿井水泵机组常见故障分析 [J]. 机电工程技术. 2018, 9: 196 - 197.

[169] 张文豪. 基于特征学习和深度学习的高光谱影像分类 [D]. 西安：西安电子科技大学，2018.

[170] 陈英强. 基于 EMD 样本熵和 SVM 的水泵机组振动故障诊断方法

[D]. 武汉：武汉大学，2017.

[171] 任少博. 长距离多级加压供热输水管网水锤防护研究分析 [D]. 西安：长安大学，2016.

[172] 宋思怡. 长距离大管径输水管道水锤防护研究 [D]. 西安：长安大学，2015.

[173] Hyuk Jae Kwon. Computer Simulations of Transient Flow in a Real City Water Distribution System [J]. KSCE Journal of Civil Engineering. 2007，1 (11)：43 - 49.

[174] Xiaolian Liu，Yu Tian，Xiaohui Lei，et al. Hydraulic responses and flow regulation in multi - demand water transfer systems [J]. Water，2019，11 (11).

[175] 罗斌. 基于 NSGA - Ⅱ 的含风电场电力系统多目标调度计划研究 [D]. 长沙：长沙理工大学，2013.

[176] 魏静. 基于改进 NSGA2 算法的给水管网多目标优化设计 [D]. 北京：北京工业大学，2016.

[177] 薛文辉. 基于蚁群算法的并行性能分析及优化方法研究 [D]. 哈尔滨：哈尔滨工程大学，2018.

[178] 阴皓. 基于云计算和改进 NSGA - Ⅱ 的无功优化算法研究 [D]. 北京：华北电力大学，2015.

[179] Xiaolian Liu，Yu Tian，Xiaohui Lei，Hao Wang，et al. An improved self - adaptive grey wolf optimizer for the daily optimal operation of cascade pumping stations [J]. Applied Soft Computing. 2019，75：473 - 493.

[180] N Padhye，K Deb，P Mittal. Boundary Handling Approaches in Particle Swarm Optimization [J]. Advances in Intelligent Systems & Computing. 2013，201：287 - 298.

[181] D. C. Montgomery，G. C. Runger. Applied Statistics and Probability for Engineers [M]. John Wiley & Sons，New York，NY，2003.

[182] Guido Ardizzon，Giovanna Cavazzini，Giorgio Pavesi. Adaptive acceleration coefficients for a new search diversification strategy in particle swarm optimization algorithms [J]. Information Sciences. 2015，299：337 - 378.

[183] Tian H, Yuan X, Ji B, Chen Z. Multi - objective optimization of short - term hydrothermal scheduling using non - dominated sorting gravitational search algorithm with chaotic mutation [J]. Energy Convers Manage. 2014, 81: 504 - 519.